外来入侵生物防控系列丛书

紫茎泽兰监测与防治

ZIJING ZELAN JIANCE YU FANGZHI

付卫东　张国良　王忠辉 等　编著

中国农业出版社

北　京

编著者：付卫东　张国良　王忠辉
　　　　张瑞海　张宏斌　陈宝雄

外来生物入侵已成为造成全球生物多样性丧失和生态系统退化的重要因素。我国是世界上生物多样性最为丰富的国家之一，同时也是遭受外来入侵生物危害最为严重的国家之一。防范外来生物入侵，需要全社会的共同努力。通过多年基层调研，发现针对基层农技人员和普通群众防范外来入侵生物的科普读本较少。因此，我们组织编写了《外来入侵生物防控系列丛书》。希望在全社会的共同努力下，让更多的人了解外来入侵生物的危害，自觉参与到防控外来入侵生物的战役中来，为建设我们的美好家园贡献力量。

紫茎泽兰，又名破坏草、解放草等，原产于中美洲的墨西哥，大约20世纪40年代由中缅边境传入我国云南南部。紫茎泽兰的生态适应幅度极宽，性喜温凉、耐阴、耐旱、耐寒、耐高温，可以在热带到温带的宽气候带下发生和生长。入侵生境有农田、草地、路边、宅旁、采伐迹地、幼林地、经济林地、森林等。紫茎泽兰入侵能使天然草场失去放牧价值；使农田肥力下降，土地严重退化；使生物资源造成严重破坏，大批野生名贵中药材失去生存环境；影响生态环境生物多样性，对生态、景观造成严重破坏；引起牲畜患病，严重时导致牲畜死亡。对羊毛的产量和质量也造成了严重的影响，同时给农事操作带来很多不便。严重威胁农、牧、林业的健康发展，成为我国西南地区主要害草之一。《紫茎泽兰监测与防治》一书系统介绍了紫茎泽兰分类地位、形态特征、生物学与生态学特性、检疫、调查与监测、综合防控等知识，为广大基层农技人员识别紫茎泽兰，开展防控工作提供技术指导。

本书由国家重点研发计划——自然生态系统入侵物种生态修复技术和产品(2016YFC1201203)、农作物病虫鼠害疫情监测与防治（农业外来入侵生物防治）(2130108)资助。

编著者

2019年3月

目录
MULU

前言

第一章
紫茎泽兰分类地位与形态特征

第一节　分类地位

一、系统界元

紫茎泽兰属双子叶植物纲（Dicotyledoneae），桔梗目（Campanulales），菊科（Asteraceae），泽兰属（*Eupatorium.*）。学名 *Eupatorium adenophorum* Spren；异名 *Ageratina adenophora* (Spreng.) K. & R., *Eupatorium glandulosum* H. B. K. Non Michx., *Eupatorium coelestinum* L.；英文名 crofton weed, sticky snakeroot, eupatory, Mexican devil；中文别名破坏草、细升麻、花升麻、解放草、野泽兰。

二、分类检索

紫茎泽兰及其近缘种检索表（引自《中国植物志》），内容如下：

1.头状花序圆柱状；瘦果沿果棱有稀白色贴紧的顺向柔毛；常绿亚灌木，植株粗壮，分枝水平直出…………………………………飞机草

1.头状花序钟状或狭钟状；瘦果无毛或全部或上部被稀疏散生的短柔毛，植株分枝斜生……………………………………………………2.

2.花托高起，圆锥形；头状花序有40～50个小花，总苞片1层或近于2层，全部苞片线状披针形。瘦果无毛无腺点……紫茎泽兰（破坏草）

2.花托平。头状花序有少数（通常5个）小花。总苞片2～3层，覆瓦状排列；瘦果有毛和腺点或无……………………………………3.

3.叶两面无毛无腺点，平滑，或下面有极稀疏的短柔毛；总苞片顶端钝或稍钝；瘦果无毛无腺点…………………………………………4.

3.叶两面被稀疏或稠密的短或长柔毛或绒毛，两面或至少叶下面有腺点；瘦果被柔毛或微毛或无毛而有腺点……………………………5.

4.叶不分裂，卵形或三角状卵形或长圆状卵形，三出基脉；灌木………………………………………………………………木泽兰

4.叶通常三裂，裂片长椭圆状披针形或倒披针形，羽状脉；多年生草本，少分枝；全株及花部揉之有香气……………………………佩兰

5.总苞片顶端急尖…………………………………………………………6.

5.总苞片顶端钝或圆形…………………………………………………7.

6.叶基出三脉…………………………………………………大麻叶泽兰

6.叶羽状脉……………………………………………………林泽兰

7.瘦果被白色稀疏的长或短柔毛或微毛，无腺点，叶基出三脉或不明显
　五出脉………………………………………………………………8.

7.瘦果无毛无腺点或仅有稀疏的腺点；叶羽状脉…………………11.

8.瘦果仅在上部或顶端被稀疏白色的短微毛；叶通常三全裂；中裂片大，
　羽状半裂、深裂或浅裂。全部叶不规正对生……………南川泽兰

8.瘦果被稀疏的长柔毛；叶不分裂，卵形、卵状长圆形或卵状披针形，
　基部圆或截形，规正对生…………………………………………9.

9.头状花序有小花9～15个；灌木…………………………多花泽兰

9.头状花序有5个小花；草本………………………………………10.

10.叶无柄，卵形或卵状披针形，顶端急尖………………毛果泽兰

10.叶有短柄，长2厘米或1厘米，卵状长圆形，顶端长渐尖…基隆泽兰

11.瘦果无毛无腺点……………………………………………………12.

11.瘦果有腺点…………………………………………………………13.

12.中部茎叶三深裂或三浅裂；叶质厚，无光泽，边缘有锯齿…台湾泽兰

12.全部茎叶不分裂，全缘或微波状齿；叶质薄，光亮………峨眉泽兰

13.叶不分裂，卵形、宽卵形或长卵形，基部圆形，无柄或有极短的柄
　(2～4毫米)…………………………………………………多须公

13.叶分，裂片长椭圆形或披针形或不裂，基部楔形，有叶柄，柄长
　1～2厘米……………………………………………………………14.

14.叶两面被白色短绒毛，下面及沿脉的绒毛稠密；边缘锯齿缺刻状，顶
　端圆钝……………………………………………………………异叶泽兰

14.叶两面粗涩，被稀疏短柔毛，边缘有细尖齿……………………白头婆

第二节　形态特征

一、紫茎泽兰形态特征

　　紫茎泽兰是多年丛生型半灌木草本植物，株高30～200厘米（图1-1），其入侵性强，生长迅速，对生态系统造成严重危害。2003年，紫茎泽兰在国家环保总局和中国科学院发布的《中国第一批外来入侵物种名单》中名列第一位，其主要形态特征如下：

图1-1　紫茎泽兰
（付卫东摄）

1. 根　根粗壮，横走（图1-2）。

图1-2　紫茎泽兰根（付卫东摄）

2. 茎　直立、丛生，暗紫色，分枝对生，斜上，被暗紫或锈色短柔毛（图1-3）。

图1-3　紫茎泽兰茎（付卫东摄）

3.叶 对生，叶片质薄，卵状三角形、菱形或菱状卵形。腹面绿色，背面色浅，两面被稀疏的短柔毛，在背面及沿叶脉处毛稍密。基部平截或稍心形，顶端急尖，基出三脉，边缘有稀疏粗大且不规则的锯齿，在花序下方则为波状浅锯齿或近全缘。叶柄长4～5厘米（图1-4）。

图1-4 紫茎泽兰叶（付卫东摄）

4.花 头状花序小，在枝端排列成伞房或复伞房花序，花序直径约6毫米。总苞宽钟形，长3毫米，宽4～5毫米，含40～50朵小花;总苞片3层或4层，线形或线状披针形，长3毫米，先端渐尖，花序托凸起，

呈圆锥状。管状花两性，淡紫色，长约3.5毫米。花药
基部钝（图1-5）。

图1-5 紫茎泽兰花（付卫东摄）

5.果实 瘦果，长1.7～2.1毫米，宽和厚均为
0.18～0.25毫米;瘦果灰褐色至黑色，长条状五棱形，
略弯曲，5条纵棱角外突较锐；沿棱有稀疏白色紧贴
的短柔毛。瘦果表面细颗粒状粗糙，顶端平截，具明
显的淡黄白色衣领状环，环中央具外突的、黄色的宿
存花柱残基，超出衣领状环。冠毛白色，1层，长约3
毫米，细长芒状，上有短柔毛，纤细易脱落。基部稍
收缩，钝圆。果脐位于基端，淡黄白色，圆柱状，中

央常有果柄残余。横切面五棱形，果实内含种子1粒。胚直立，黄褐色；种子无胚乳（图1-6）。

图1-6　紫茎泽兰果实（周小刚摄）

二、紫茎泽兰与近似种的形态区别

紫茎泽兰、飞机草及假臭草形态极其相似，形态比较见表1-1和图1-7。从外形上看，紫茎泽兰的茎秆、分枝、叶柄均呈暗紫色，毛被明显暗紫，故得名紫茎泽兰；而飞机草和假臭草的茎多呈绿色，毛被白色至黄白色。从叶片形态上看，紫茎泽兰的叶子呈菱形，厚纸质，叶柄较长；而飞机草的叶片多呈三角形，薄纸质，叶柄较短；假臭草的叶片多呈卵圆形至菱形，叶柄较短。紫茎泽兰的头状花序呈白色且近圆球形，而飞机草的头状花序呈淡绿黄色、绿白色或略淡紫色，且为长圆柱形；假臭草头状花序呈钟状，叶片揉搓后可以闻到一种类似猫尿的刺激性气味。另外，差别还表现在茎的颜色、叶片形状、种子大小、冠毛是否易脱落、种子棱数、棱脊形状以及瘦果表面是否着生柔毛等（Muniappan et al.，2005；黄振等，2017）。

表1-1 紫茎泽兰、飞机草及假臭草形态特征比较

（黄振等，2017）

形态	紫茎泽兰	飞机草	假臭草
茎	暗紫色，毛被暗紫	绿色，毛被黄白色	绿色、白色的长柔毛
叶片	呈菱形，厚纸质	呈三角形，薄纸质，两面都有灰白色绒毛	卵圆形至菱形
头状花序	呈白色，近圆球形	淡绿黄色、绿白色或略淡紫色，长圆柱形	通常钟状
瘦果大小	长1.6~2.3毫米，宽0.18~0.3毫米	长3.5~4.1毫米，宽0.4~0.5毫米	长2.0~3.0毫米，宽0.5~0.7毫米
瘦果冠毛	易脱落	宿存，不易脱落	宿存，不易脱落
瘦果棱数	5棱	3~5棱，多为5棱	3~4棱，多为4棱
瘦果棱脊	纵棱角外突较锐，棱脊上几无柔毛	具细纵脊状突起，棱脊上着生不与果体紧贴的、向上的淡黄色细短柔毛	棱脊上着生稀疏白色紧贴向上的短柔毛
瘦果表面	无短柔毛	无短柔毛	着生稀疏短柔毛

图1-7　紫茎泽兰与近似种（①紫茎泽兰，②飞机草，③假臭草）

第二章
紫茎泽兰扩散与危害

第一节　地理分布

一、世界分布

紫茎泽兰原产于美洲的墨西哥（Auld B A,1969、1970）、哥斯达黎加（赵国晶，1989）、乌拉圭、牙买加、古巴一带，1865年开始作为观赏植物栽培并引进到美国夏威夷群岛和英国（陶正钢，2002），1875年引种到澳大利亚，后逸为野生（赫立勤，2001）。现已广泛分布在世界热带、亚热带地区的30多个国家和地区。除美洲原产地外，其中包括美国、澳大利亚、新西兰、南非、西班牙、印度、菲律宾、马来西亚、新加坡、印度尼西亚、巴布亚新几内亚、泰国、缅甸、越南、尼泊尔、巴基斯坦以及太平洋群岛。而在新西兰、泰国、菲律宾、缅甸、越南、印度和中国等地已泛滥成灾（赫立勤，2001）。因分布广泛、危害极大，被列为《外来有害生物的防治和国际生防公约》中的四大恶性杂草之一（夏忠敏等，2002）。

二、国内分布

紫茎泽兰在中国的分布主要集中在西南地区，已在云南、四川、贵州、广西、西藏、重庆、湖北、台湾等地广泛分布（Gui F R，2009），以每年大约60千米的速度向东和向北传播扩散（强胜，1998）；2003年湖北秭归发现有分布，在三峡大坝蓄水后被淹没，附近没有发现新的种群（卢志军等，2004）。

1.紫茎泽兰在云南省的分布　紫茎泽兰大约于20世纪40年代由中缅、中越边境传入云南省，1953年在中国与缅甸接壤的云南省沧源、耿马等县公路沿线最初发现紫茎泽兰（吴仁润，1984）。1985年，遍布整个澜沧江中下游，以及把边江、阿墨江和元江流域，往北扩散到北纬25°30'地区，向东扩散到与广西、贵州接壤的地区（刘伦辉等，1985）。

2008年云南省农业环境保护站的调查数据统计表明，紫茎泽兰在云南省16个州（市）129个县均有不同程度的发生和危害，发生总面积6 430 020公顷。在各个州（市）中，普洱市发生面积最大，为1 954 953.3公顷，占全省发生面积的30%；而迪庆藏族自治州（简称迪庆州）的发生面积最小，为850公顷，占全省的发生面积不到1%；最轻微的迪庆州的发生面积只有最严重的普洱市的0.04%。全省按绝对入侵面积从大到小的顺序是：普洱市＞保山市＞楚雄彝族自治州（简称楚雄州）＞红河哈尼族彝族自治州（简称红河州）＞文山壮族苗族自治州（简称文山州）＞临沧市＞昆明市＞德宏傣族景颇族自治州（简称德宏州）＞大理白族自治州（简称大理州）＞曲靖市＞丽江市＞昭通市＞玉溪市＞怒江傈僳族自治州（简称怒江州）＞西双版纳傣族自治州（简称西双版纳州）＞迪庆州，云南省各州（市）各生境类型发生面积如图2-1所示（肖正清，2009）。

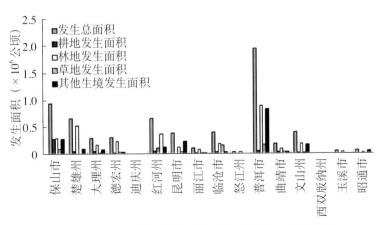

图2-1 云南省各生境类型紫茎泽兰的发生面积比较

桂富荣等（2012）野外考察发现，紫茎泽兰在海拔2 500米以下，尤其是1 100～2 100米地带常成片生长，形成优势种群，以西南部和南部地区发生量最大，发生面积达640余万公顷，占全省土地面积的16.7%。其中，耕地发生面积近60万公顷，林地发生面积290余万公顷，草场发生面积90多万公顷，其他生境近200万公顷。

2. 紫茎泽兰在贵州省的分布　贵州省境内的紫茎泽兰来自云南境内，随春季西南风将种子传播侵入。据兴义县的农民反映，20世纪70年代中期在仓更区的仓更、坝达章、平塞、沧江等有零星发现，20世纪70年代末到80年代初已开始在仓更、坝达章、鸡场等乡部分地段造成危害，并逐步向东北方向推进。至1991年，紫茎泽兰主要分布于贵州的黔西南、黔南、安顺、六盘水4个地、州（市）的兴义、兴仁、安龙、负丰、望漠、册享、晴隆、普安、关岭、镇宁、盘县、六枝、罗甸、平扩（溃水河）14个县，其中侵入较大的有兴义、册享、望漠、安龙4县。其分布范围已超越北纬26°，接近东经107°，并有逐步向贵州省东北方向发展蔓延的趋势（向业勋，1991）。

易茂红（2008）通过野外调查发现，紫茎泽兰在贵州省的分布为：贵阳市（云岩区、南明区、花溪区、小河区、乌当区、清镇市、白云区）、黔西南布依族苗族自治州（兴义市、安龙县、兴仁县、普安县、册亨县、贞丰县、晴隆县、望谟县）、六盘水市（水城县、六枝特区、盘县特区）、黔南布依族苗族自治州（罗甸县、惠水县、平塘县、长顺县、龙里县）、安顺市（西秀区、普定县、关岭县、紫云县、镇宁县、平坝县）和毕节地区（毕节市、黔西县、大方县、威宁县、赫章县、纳雍县、织金县、金沙县）6个地、州（市）的37个县（市、区）有分布，危害面积达28.4万公顷。而到了2012年，紫茎泽兰在贵州的发生面积逐步扩大，其中耕地发生面积80余万公顷，林地发生面积120多万公顷，草场发生面积100余万公顷，其他生境发生面积370多万公顷，目前正随西南风向黔东、黔东北方向扩散（桂富荣等，2012）。

3. 紫茎泽兰在广西壮族自治区的分布　刘伦辉等（1985）最早报道了紫茎泽兰入侵到广西。2002年，广西植保总站对全区紫茎泽兰的分布进行了摸底调查，其主要分布在西林、田林、乐业、天峨、南丹、平果、马山、南宁等县（市），其中与云南毗邻的百色地区，尤其西林、田林两县危害最为严重（秦昌文，2003）。

贾桂康为了解紫茎泽兰在广西的分布和危害状况，2002年9月开始对危害严重的河池、百色进行了调查，2003年5月开始对全广西进行了调查。调查结果显示，在广西有20个县（市）受到紫茎泽兰入侵。从总的分布状况来看，主要分布在广西西部和西北部。从水平分布来看，主要集中在北纬23°～25°，东经104°～108°地区。紫茎泽兰在百色的田林、西林、隆林、凌云等地的存在度较高；南宁的马山、横县，百色的田阳、田东，河池的南丹、东兰、凤山、巴马、大化等较少分布。从垂直分布看，紫茎泽兰分布在海拔0～3 000米的地区（贾桂康，2007）。

4. 紫茎泽兰在四川省的分布　1982年在四川省境内采到紫茎泽兰标本，1991年3月由刘照光鉴定为紫茎泽兰，可能于20世纪70年代末由云南经攀枝花市逐渐传入凉山彝族自治州（简称凉山州）（王洪炯等，1994）。

截至1997年底，紫茎泽兰在攀枝花市和凉山州两地的14县3区1市均有分布，面积总计达375 160公顷。其中，在攀枝花市的盐边、米易2县和仁和、东区、西区3个区78个乡（镇）有分布，分布面积110 527公顷，占全市面积的14.87%；在凉山州以西昌为中心，南有会理、会东、宁南、盐源、德昌、普格，北有喜德、冕宁，东有昭觉、布拖、美姑、金阳等13县（市），共计259个乡（镇）、1 562个村均有紫茎泽兰分布，分布面积264 633公顷，占全州面积的4.40%（周俗等，1999）。

　　张新跃等通过野外调查，结果显示，紫茎泽兰在四川省凉山、攀枝花、雅安、乐山、宜宾、泸州、甘孜7个市（州）、42个县、905个乡（镇）有分布。分布面积96万公顷，占全省面积的1.97%，占草原总面积的4.6%（表2-1）。凉山州、攀枝花是主要分布区和重灾区，分布面积分别为61.24万公顷和33.62万公顷，分别占两地草原总面积的25.41%和90.1%。雅安、乐山、宜宾、泸州、甘孜藏族自治州（简称甘孜州）是零星分布区。甘孜州的九龙县是新近发现区，是近年来经大渡河及雅砻江流域传播进入的（张新跃，2008）。

表2-1　2006年四川省紫茎泽兰分布危害情况
（张新跃，2008）

行政区	草原总面积（公顷）	紫荆泽兰不同危害程度面积（公顷）				占草原总面积百分率（%）
		轻度危害	中度危害	重度危害	合计	
全省	20 866 700	394 923.19	276 047.48	289 016.01	961 916.68	4.60
攀枝花市	373 200	100 871.46	100 871.46	134 495.28	336 238.20	90.10
凉山州	2 410.000	288 488.80	171 882.40	152 014.93	612 386.13	25.41
雅安市	402.130	2 756.67	1 886.67	593.33	5 236.67	1.30
宜宾市	266 067	1 133.33	666.67	1 380.00	3 180.00	1.20
甘孜州	9 431 000	1 132.60	652.67	521.20	2 306.47	0.02
泸州市	227 600	484.07	82.20	10.93	577.20	0.25
乐山市	278 933	56.27	5.42	0.33	62.02	0.02

　　桂富荣等通过野外调查，结果显示，在四川省的

凉山州、攀枝花市、泸州市、乐山市、宜宾市、雅安市、甘孜州7个州（市）的40余个县（区）有紫茎泽兰分布，发生面积近100万公顷，成灾面积达80多万公顷。其中，凉山州和攀枝花市为全省紫茎泽兰的发生重灾区，目前仍以每年20～30公里的速度向川北、川东蔓延（桂富荣，2012）。

5.紫茎泽兰在重庆市的分布　重庆市局部地区也已发现，在江津、巴南、开县、长寿等区（县、市）发现，共计约有1 000公顷，其中大部分已经得到有效控制（徐洁等，2006）。

6.紫茎泽兰在西藏自治区的分布　在樟木和吉隆口岸发生，面积为3 000公顷左右，尚没有造成严重危害；从垂直分布看，紫茎泽兰分布在吉隆和樟木口岸海拔1 700～3 100米的区域；从生长环境看，紫茎泽兰在樟木、吉隆口岸的多种类型的环境条件均有分布，如公路边、河边、排水沟、林缘、山坡、农田、人工绿地、房顶墙隙等；土壤条件对紫茎泽兰生长影响不大，不同土壤条件都能生长。据现有标本证据，紫茎泽兰入侵樟木口岸至少有30年的历史（土艳丽等，2018）。另外，紫茎泽兰在日喀则市聂拉木县也有少量分布（陈开基，1989；桂富荣，2012）。

紫茎泽兰在樟木、吉隆口岸的分布情况见表2-2。

表2-2　紫茎泽兰在樟木、吉隆口岸的分布情况

（土艳丽等，2018）

地点	海拔（米）	生境	生长情况	引证标本
樟木口岸友谊桥附近	1 750	路边、山坡	成丛生长，长势旺盛，植株高0.5~2.1米；4月下旬，盛花和初果期	西藏，樟木口岸，海拔1 750米，2017年4月30日，土艳丽、段元文、王喜龙，20170430012(XZ)
樟木镇路边	2 200~2 500	路边、绿地、房顶、墙隙等处随处可见	单株或数株成丛生长，长势旺盛，植株高0.3~2.2米；4月下旬，盛花和初果期	西藏，樟木镇，海拔2 300米，2017年4月30日，土艳丽、段元文、王喜龙，20170430017(XZ)
吉隆热索桥国门区	1 880	河边、山脚、林缘、路边	成片生长，生长旺盛，植株高0.4~1.5米；9月下旬，营养期	西藏，吉隆热索桥，海拔1 880米，2016年8月15日，土艳丽、央金卓嘎，20160815051(XZ)
吉隆镇	2 840	路边排水沟内	零星生长，单株或两三株生长在一起，生长旺盛，植株高0.5~0.7米；9月下旬，营养期	西藏，吉隆镇乃村入口路边，海拔2 840米，2016年8月15日，土艳丽、央金卓嘎，20160815001(XZ)

第二节　发生与扩散

一、入侵生境

紫茎泽兰在海拔165 ~ 3 000米范围内均能生

长，覆盖了热带、亚热带、暖温带和温带等气候带，集中分布在海拔500米以上的中低山地，在海拔1 000 ~ 2 000米、坡度≥20°的山地生长最为茂盛，并形成密集成片的单优植物群落。随着海拔的升高，紫茎泽兰的分布逐渐减少，生长势变弱，在海拔3 000米以上几乎不见分布。

只要有水分和光照的地方紫茎泽兰均能生存，特别是农田、草地、退化草地、路边、宅旁、采伐迹地、幼林地、经济林地和森林生境，在潮湿土地上紫茎泽兰生长最为茂盛。在瘠薄的荒地、荒坡、屋顶、水沟边、岩石缝隙、沙砾、撂荒地也能生长（刘文耀，1988）。尤其在山地草丛草地、灌丛草地、疏林草地等类型草地上能形成优势，并能很快形成单一群落（图2-2至图2-9）。

图2-2　入侵公路两旁的紫茎泽兰（付卫东摄）

图2-3 入侵房前屋后的紫茎泽兰（付卫东摄）

图2-4　入侵林地的紫茎泽兰（付卫东摄）

图2-5 入侵荒地的紫茎泽兰（付卫东摄）

图2-6 入侵农田边缘的紫茎泽兰（付卫东摄）

图2-7　入侵山地的紫茎泽兰（付卫东摄）

图2-8　入侵水塘边的紫茎泽兰（付卫东摄）

图2-9　生长在岩石缝隙中的紫茎泽兰（付卫东摄）

二、扩散与传播

（一）紫茎泽兰传入

紫茎泽兰何时以何种方式传入我国尚难考证。据推测，我国的紫茎泽兰大约是20世纪40～50年代从中缅、中越边境侵入我国云南南部（刘伦辉等，1985；强胜，1998；）。1983年，发现已蔓延到云南的罗平县和广西的隆林县。20世纪70年代，紫茎泽兰从云南传播到广西百色，后自云南、广西传入贵州黔西南的仓更、坝达等地区；70年代末80年代初，传入四川，截至1997年底已蔓延至攀枝花市和凉山州（王林等，2004）。

自20世纪60年代初正式开放以来，樟木、吉隆两个口岸与尼泊尔进行人员和货物的往来有50多年的历史。据文献推测，紫茎泽兰应该是在20世纪50年代进入尼泊尔并在尼泊尔全境泛滥成灾（刘伦辉等，1985）；2006年，位于尼泊尔加德满都的国际山地综合开发中心的科学家们就在想办法利用这种随处可见的"害草"研制蜂窝煤（全晓书，2006）。樟木友谊桥距离加德满都仅114公里，吉隆热索桥距离加德满都只有85公里，紫茎泽兰的种子很容易随着人员、货物、车辆进入到西藏境内，并在樟木、吉隆定居、归化。1990年6月3日，一支中日考察队在聂拉木县采到一份紫茎泽兰标本，说明紫茎泽兰入侵樟木口岸至少已有近30年的时间。据吉隆出入境检验检疫局的工作人员调查，沿吉隆热索桥出境，沿着往来尼泊尔的吉热公路到距热索桥15公里的夏普鲁镇，一路随处可见大丛的紫茎泽兰。西藏与滇、川交界处尚无紫茎泽兰踪迹，从三省交界处到西藏腹地都没有紫茎泽兰的分布点，仅在樟木、吉隆口岸有分布。这充分说明了吉隆、樟木口岸的紫茎泽兰的来源是尼泊尔，是在长期的边境贸易活动中无意传入的（土艳丽等，2018）。

（二）紫茎泽兰传播途径

紫茎泽兰可通过种子繁殖和根茎繁殖。通过调查表明，风媒传播是紫茎泽兰近距离传播的主要途径，紫茎泽兰能够以水为介质进行远距离的传播，任何皮毛动物，如牛、羊、鼠、兔等都是紫茎泽兰传播的载体，车载、苗木吊运等方式是紫茎泽兰远距离传播的主要途径（周俗等，1999；欧国腾等，2010）。紫茎泽兰传播途径示意图如图2-10所示。

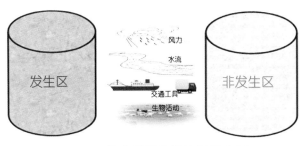

图2-10　紫茎泽兰传播途径示意图

（三）紫茎泽兰传播路线

根据紫茎泽兰种群的地理位置，并结合不同地理种群的遗传多样性和亲缘关系，推测紫茎泽兰分东线和北线两条入侵路线进行扩散：一条是云南沧源县—云南中西部—四川南部，然后一部分继续向北部地区蔓延，一部分则沿长江流域蔓延到重庆及湖北；一条是云南沧源县—云南思茅至西双版纳一带—广西百色，然后与部分中国—越南边境和中国—老挝边境的入侵种群混杂，向东北部扩散到广西西北部和贵州西部（Wang and Wang 2006；Gui et al., 2008、2009）。

张新跃（2008）根据对紫茎泽兰在四川的分布现状和生境调查分析，认为长江中下游地区、成都平原、四川盆地及甘孜州部分河谷地区均适宜紫茎泽兰生长。并通过以下几条途径向周边地区蔓延：一是通过成昆铁路、108国道及其他公路沿线，由凉山州、雅安市向北、向东传入眉山市、成都平原及其周边地区；二是通过大渡河、雅砻江、金沙江、安宁河及其支流沿江河，由凉山州、攀枝花市向北、向东蔓延至乐山市、眉山市、内江市、自贡市等四川盆地，由泸定、九龙县向北、向西传入甘孜州河谷地带；三是通过长江由宜宾、泸州市向重庆市、湖北省及长江中下游地区扩散。

（四）紫茎泽兰传播特点

桂富荣等（2007）利用ISSR标记技术分析了我国32个紫茎泽兰地理种群的遗传多样性。结果表明，入侵我国的紫茎泽兰具有较大的遗传多样性，大部分遗传变异存在于种群内，总体遗传多样性中仅34.5%来源于种群之间。紫茎泽兰种群间的遗传距离矩阵和空间距离矩阵之间呈正相关（$r=0.542$，$P<0.001$），说明地理隔离可能是阻碍紫茎泽兰种群间基因交流的原因之一。不同海拔紫茎泽兰种群的遗传多样性水平呈现随海拔升高而降低的趋势（$r=0.368$，$P<0.001$），各海拔区域种群的平均ISSR标记Nie's基因多样性和Shanonn's指数均随海拔升高而有所降低。

紫茎泽兰的入侵强度与离道路的距离密切相关。在三级公路两侧，随着距离的增加，紫茎泽兰的重要值显著下降。公路沿线频繁的人为干扰，有利于紫茎泽兰的扩散和传播；而公路两侧破碎的生境，也为外来物种的入侵提供了适宜的生长环境。在滇西北地区，公路可能是紫茎泽兰扩散的主要影响因子（刘晔等，2013）。

付登高等（2010）通过研究表明，紫茎泽兰的各项指标在靠近公路的5米距离处达到峰值后，随着距离的增加而呈现降低的分布格局，说明在云南中部地区公路可能是紫茎泽兰入侵与扩散的主要渠道之一。

不同的土地覆盖类型通过影响其生态系统林冠及结构特征，进而改变其内部的光照条件并部分阻隔了紫茎泽兰种子的扩散，而生态系统内的物种组成则决定了生态系统的稳定性，2个方面的共同作用决定了不同土地覆盖类型及离公路不同距离对紫茎泽兰扩散和分布的格局。因此，对紫茎泽兰的控制应关注路旁生境，提高路旁生境的树木郁闭度及路域生态系统的抗入侵性将是控制紫茎泽兰向远距离扩散的有效途径之一。

赵金丽（2008）在研究入侵地滇中地区的紫茎泽兰发现，高光水平比中低光水平更促进路旁紫茎泽兰的入侵与向远距离扩散；同样在低光水平下，高级公路比低级公路更促进紫茎泽兰的入侵与扩散。

紫茎泽兰种子外形特征和冠毛特征与其飞行规律有重要关系。研究发现，冠毛、质量等因素对于紫茎泽兰的滞空时间延长和飞行距离增加的影响更加凸显；紫茎泽兰种子在0.30米/秒的速率就可以达到平衡，说明如果垂直向上的风速达到0.30米/秒时，紫茎泽兰种子就可以在空中持久飞行，使其传播到更远的距离，种子散落速度随着高度的增加呈现降低趋势（许留兴等，2016）。

另外，降雨导致紫茎泽兰种子难以有效随风扩散，种子变质速度较快，从而对其入侵起到抑制作用。这可能就是长江流域紫茎泽兰入侵速度较慢的原因之一。

因而一旦长江流域遭遇少雨、干燥气候，紫茎泽兰的入侵速度可能会加快（何云玲，2011）。

第三节　入侵风险评估

Papes、Peterson（2003）应用生态位模拟的方法，预测了紫茎泽兰的分布。紫茎泽兰分布的6个省份当中的4个省份（云南、贵州、四川、广西）与模型所预测的分布区十分吻合，而西藏在模型所预测分布区的边缘地带。预测的潜在分布区包括甘肃、宁夏、陕西、山西、河南和湖北，而且模型还预测了与目前分布区不相连的两个潜在分布区，分别在我国的东北和东南，这些潜在分布区包括东北的黑龙江、辽宁以及东南的福建、浙江。

卢志军（2005）用年降水量、太阳辐射和雨日频率作为环境图层来建立模型，预测紫茎泽兰的潜在分布区。未来紫茎泽兰分布区主要位于我国的亚热带常绿阔叶林区和热带季雨林、雨林区域，秦岭-黄河一线是紫茎泽兰潜在分布区的北界，西北方向的扩散则被高大的青藏高原所阻挡。除了已经有分布报道的云南、广西、贵州、四川、重庆、西藏和湖北以外，广东、海南、福建、台湾、湖南、江西、浙江、上海、安徽、江苏、河南都是紫茎泽兰的潜在分布区；青海南部、甘肃南部、陕西南部、山东南部也有被紫茎泽兰入侵的风险；辽宁和吉林与朝鲜半岛毗邻的部分地区也可能被紫茎泽兰入侵。

紫茎泽兰在川南山地分布最高界的年均温皆为9.0℃以上。在海拔2 500米以下为适宜其生长发育的实际分布界限；海拔2 000米以下生长发育良好；海拔1 750米以下为目前蔓延成灾的界限。由于四川农区湿度条件不构成限制，即年温15℃以上的四川农区（包括整个四川盆地）均可能成为紫茎泽兰未来入侵区域；而在四川中亚热带气候区内（四川盆地盆周海拔1 000米以下）紫茎泽兰侵入成泛滥成灾的气候生态条件具备，潜伏着不确定性风险（杨佐忠等，2012）。在潜在入侵地湖北，随引入时间的延长，紫茎泽兰叶片的比叶面积、株高和茎宽均逐年增大，叶片获取光照资源的能力增强，且紫茎泽兰对新入侵地广食性昆虫抗性增加。由此可见，紫茎泽兰通过较强的表型可塑性适应了新入侵地的环境压力，虽然紫茎泽兰在武汉不能正常的开花结果，但能通过无性繁殖来扩大种群。因此，预测紫茎泽兰在长江中下游地区可能存在一定的入侵风险（孙娜娜等，2014）。

董良等（2018）以云南省昆明市为例，分析了影响紫茎泽兰传播及定殖的生态条件，选择海拔、降水、人为影响、10.8℃积温、林龄、郁闭度等为影响因子，构建了紫茎泽兰扩散传播、定殖危害的空间评估模型，发现紫茎泽兰的风险适生区域在空间上具有极大的分异性，其中高风险区面积占比为24.26%，主要位于宜良、寻甸；中度风险区面积占比为28.39%；低风险区（轻度风险区及轻度以下风险区）面积占比为47.35%。研究结果表明，人为活动、交通网络是影响紫茎泽兰扩散传播的主导因素，气象因子是影响紫茎泽兰定殖的关键。

第四节 危 害

紫茎泽兰在我国西南地区分布广泛，发生面积超过1 400万公顷，其中农田约140万公顷，草场约200万公顷，林地约440万公顷，其他生境（如荒山、撂荒地等）约620万公顷。按每公顷草场每年损失牧草1 500千克，每千克牧草价值0.5元计算，每年仅草场所造成的直接经济损失就超过15亿元（桂富荣，2012）。

一、对农业的危害

因农事操作，所以紫茎泽兰难以入侵农田。但是，紫茎泽兰在入侵耕地、轮歇地后造成耕作困难，成本加大，尤其是侵占轮歇地后，盘根错节，增加再开垦的人力、时间、费用；入侵田边地埂与庄稼争水、争肥、争阳光，使该田地里粮食作物的边际效应消失，造成粮食减产3%～11%。采用@RISK软件和随机模拟的方法评估紫茎泽兰对我国花生产业的危害，结果显示，紫茎泽兰对我国花生产业造成的潜在经济损失总值可达46.49亿～582.39亿元，花生产业潜在经济损失的损失率在11.25%～59.19%（方焱等，2015）。

紫茎泽兰入侵210天后土壤中的速效氮、磷、钾分别下降56%～96%、46%～53%、6%～33%，从而导致土壤肥力严重下降，以致土地严重退化（周俗，1999）。

据分析，紫茎泽兰植株干重的氮、磷、钾含量分别为3.08克/千克、2.165克/千克、12.046克/千克。发生较重的土壤每亩*生物量达到3 254千克，消耗的氮、磷、钾分别达到10.02千克、72.146千克、39.2千克。紫茎泽兰对土壤肥力的吸收力强，能极大地耗尽土壤养分，造成土壤肥力下降，使土壤的可耕性受到严重破坏（王银朝等，2005）。

紫茎泽兰入侵农田、果园及甘蔗、桑、茶等生长地后，快速生长，大量消耗土壤中的氮、磷、钾肥，

---

* 亩为非法定计量单位。1亩=1/15公顷。

使土壤肥力下降（图2-11）。同时，还与农作物争夺水分和阳光，降低农作物的产量（侯太平等，1999）。据调查，该草入侵农田后，可使农作物减产3%～18%，桑叶、花椒减产4%～8%，香蕉植株少长2～3片叶，高度矮1米（周俗等，1999）。同时，紫茎泽兰在路旁沟边长得特别繁茂，枝叶十分密集，往往让交通受阻、水渠被堵，受害地区特别到秋收秋种大忙季节，不得不首先抽调劳力清除障碍，才能保证道路、水渠畅通，使农事活动正常开展，增加人工、化学除草费用等农业成本（刘伦辉等，1985；杨蓉西，2003）。

图2-11　紫茎泽兰入侵果园（付卫东摄）

二、对林业的危害

紫茎泽兰入侵林荒地、采伐地、幼林地、疏林地等经济林地，导致幼林衰弱、品质降低，甚至死亡，会严重抑制天然林更新和森林恢复，影响苗木生长（侯太平等，1999）。由于紫茎泽兰的侵占，有些地方甚至人、畜进山路径都被阻塞毁弃。据测算，因紫茎泽兰入侵林地，造成经济林投产推迟，进而影响造纸业发展，年经济损失可达5%左右。

已被紫茎泽兰侵占的山地，人工造林十分费工。新造林地被紫茎泽兰侵入后，林木苗无法与之竞争而生长受阻，严重影响造林业和退耕还林战略。由于经济林带一般不能做到精细管理，易于造成紫茎泽兰的侵入。被紫茎泽兰侵入后的经济林带，经济林木生长受挫。贵州省贞丰县和镇宁布依族苗族自治县六马区扶贫项目种植的油桐林木，由于紫茎泽兰的侵入生长不好。成树受挫后，头年只见开花不见结果，翌年则死去。挖出死树见树根腐烂。农民因之损失惨重，苦不堪言（王永达等，2003）。贵州省紫云县四大寨乡是有名的"冰脆李之乡"，1995年以前，冰脆李年产量在1 100吨左右，在果园受到紫茎泽兰的入侵后，产量大幅下降，已形不成规模；该乡盛产油桐，1995年前后每年油桐籽产量在2 500吨左右，紫茎泽兰入侵后，油桐树基地被摧毁，年最高产量仅为250吨（刘安庆，2013）。

三、畜牧业的危害

经调查样方统计，四川省牧草生物量3 569.7千

克/公顷，而紫茎泽兰生物量 27 783.8 千克/公顷，为
牧草生物量的 7.78 倍，牧草平均盖度、高度分别为
16.4％和 27.8 厘米，而紫茎泽兰分别达到 80.8％和
122.8 厘米，为牧草的 4.9 倍和 4.4 倍。在紫茎泽兰轻
度、中度、重度分布区，紫茎泽兰生物量分别是牧草
生物量的 1.16 倍、5.85 倍和 35.53 倍。在攀枝花市紫
茎泽兰严重侵占区，牧草生物量为 1 948.8 千克/公顷，
而紫茎泽兰高达 47 480 千克/公顷，为牧草生物量的
24.36 倍。凉山州紫茎泽兰严重危害区，牧草平均生物
量仅 800 千克/公顷，而紫茎泽兰高达 133 000.1 千克/
公顷，是牧草生物量的 166.25 倍。据统计，四川省紫
茎泽兰株数平均达 1 108 605 株/公顷，牧草生长严重
受阻，产量直线下降，天然草地失去放牧和利用价值。
紫茎泽兰入侵草地，造成了巨大经济损失。经调查显
示，四川省分布在草地上的紫茎泽兰面积 87.78 万公
顷，草地平均损失牧草 3 930 千克/公顷，折合人民币
6.9 亿元（张新跃，2008）。

紫茎泽兰侵占畜牧草场后，可使草场退化，载
畜量下降。如云南省墨江哈尼族自治县 1958 年建立
了一个牧场，当时紫茎泽兰尚未侵入，水草十分丰
盛，全场养有牛 600 头、马 200 匹、山羊若干只，但
时过 4 年开始有散生的紫茎泽兰分布，待到 10 年之

后的1968年紫茎泽兰已蔓延成灾，当前更占满牧场，原有马匹因紫茎泽兰诱发气喘病而死光，牛因无饲草而锐减到200头，并由原来的放养改为厩养，山羊也被淘汰，牧场只好撤销。又如云南省永德县，20世纪50年代末期紫茎泽兰分布稀少，全县当时有马匹3 000余匹，10年之后随着紫茎泽兰大量蔓延，到1978年仅剩下400余匹了，天然牧场遭到了严重破坏（刘伦辉，1985）。经测定（表2-3），紫茎泽兰入侵天然草地3年后盖度达85%以上，而牧草减少70.1%～79.36%，产草量仅2 400～2 940千克/公顷，天然草地失去放牧利用价值。四川省攀枝花市因紫茎泽兰危害，1996年全市羊存栏比1984年减少82 461只，下降20.1%。凉山州由于紫茎泽兰危害草地造成年损失鲜草5.17亿千克，牲畜死亡3 360头，经济损失达5 170多万元，出现了有的乡村农户无草放牧的现象，给畜牧业发展造成了极大的阻碍（周俗等，1999）。贵州省紫云苗族布依族自治县四大寨乡天然草场牧场被紫茎泽兰侵占，牧草面积逐年减少，2000年全乡大牲畜存栏1.56万头，到2010年全乡大牲畜存栏数仅为1.05万头（刘安庆，2013）。

紫茎泽兰影响畜牧业发展见图2-12。紫茎泽兰入侵草地3年后产量变化见表2-3。

图2-12　紫茎泽兰影响畜牧业发展（付卫东摄）

表2-3 紫茎泽兰入侵草地3年后产量变化

（周俗等，1999）

凉山州被侵草地类型	紫茎泽兰在草地上的盖度（%）	紫茎泽兰鲜株产量（千克/公顷）	紫茎泽兰草地内牧草产量（千克/公顷）	对照样方牧草产量（千克/公顷）
干热河谷灌丛草地	95	36 420	2 940	14 250
山地灌丛草地	85	28 560	2 430	8 130
山地草甸草地	90	21 360	2 400	11 550

　　紫茎泽兰对马的毒害作用在澳大利亚是公认的，但这种作用似乎只局限于马，牛不喜欢吃这种杂草，尽管没有中毒病例的记录（Auld et al.，1975）；在冬天没有其他牧草的情况下，山羊和绵羊啃食紫茎泽兰，没有明显的致病后果（Auld et al.，1970、1975）。Osullivan（1979）发现,被紫茎泽兰侵染的马咳嗽、呼吸急促、运动耐力下降，在患病时间长的病例中，可以观察到肺部纤维变性、肺泡内壁细胞增生、水肿、中性粒细胞渗入、脓肿；在某些病例中，肺部血管中出现血栓或者栓塞。

　　Kotach等（2000）采用冷冻干燥的紫茎泽兰叶子粉末，Kanshal等（2001a、2001b）分别采用高温干燥的紫茎泽兰叶子粉末及其甲醇提取物与部分纯化的甲醇提取物馏分，Bhardlwaj等（2001）采用杜松倍半萜烯（9-oxo-10，11-dehydrioager aphorone，ODA）混合到饲料里饲喂老鼠，生物化学和组织病理学变化显示老鼠的肝脏细胞受到损伤，并出现了胆汁郁积。这表明紫茎泽兰对老鼠有毒害作用，而ODA是紫茎泽兰对动物产生毒害作用的主要成分之一。

Oelrichs（1995）从紫茎泽兰中分离得到的9-羧基-10，11-去氢泽兰酮对牲畜有剧毒。它不仅能引起马过敏性支气管肺炎，患病初期肺部急性水肿，随后溢血，最终死亡，还能引起牛、羊等其他家畜患接触性皮炎。

紫茎泽兰中的毒素主要为存在于叶片中的倍半萜类泽兰酮化合物（白洁，2012）。用紫茎泽兰的枝叶喂鱼，能引起鱼的死亡；用草茎、叶垫圈或下田沤肥，会引起牲畜烂蹄；紫茎泽兰带纤毛的种子和花粉会引起马属动物的哮喘，重者会引起肺部组织坏死和动物死亡；牲畜误食该草后，轻则引起腹泻、脱毛、走路摇晃，重则致使母畜流产，甚至四肢痉挛，最后死亡（强胜，1998；侯太平，1999）。据李福章（2001）研究，家兔采食紫茎泽兰后6～9天死亡，剖检可见肝脏肿大、发紫，切面多汁，切口外翻；胆囊肿大，充满胆汁；胃勃膜剥落，勃膜下层有少量出血斑；脾脏稍有肿大。在云南省临沧地区1962—1986年因紫茎泽兰引起的马匹死亡72 278匹，华坪县某乡因紫茎泽兰引起的马病每年高达80余匹，死亡40余匹（杨荣喜等，1996）。

由于紫茎泽兰的花序无蜜腺也无花粉，属闭合型自花授粉植物，在养蜂上毫无价值，偶尔看见饥饿的中蜂在花上奔忙也一无所获。相反，它对一年生草本蜜源植物有很强的相克作用，凡是有该害草的地方，像野藿香之类的蜜源植物根本生长不起来，使蜜蜂养殖受到严重影响（梁以升，2008）。

四、紫茎泽兰对人的危害

紫茎泽兰对人的危害主要是，人拔草时就可引起手臂红肿，甚至出现接触性皮炎；紫茎泽兰含有香茅醛、香叶醛、乙酸龙脑酯、樟脑等易挥发性成分，具有特殊气味，当草秆高大且密集时，由于空气流通性差，还可使人晕倒（达平馥等，2003）。紫茎泽兰在飞花及种子散播时，漫天飞舞，大量接触人的皮肤，进入呼吸道，影响人体健康。

第三章
紫茎泽兰生物学与生态学特性

第一节 生物学特性

一、生活史

紫茎泽兰种群单独的生活史被分为1～2年的幼稚期、3～6年的青年期、7～11年的成熟期、12～15年的衰老期，共4个时期（刘伦辉，1989）。其中，1～4年为其种群旺盛生长阶段，5～6年则进入成熟阶段，其种群最大，繁殖能力强。随后逐渐衰老，进而演替成木本群落。紫茎泽兰的寿命一般为13～14年。有学者认为，在特定环境条件下，紫茎泽兰形成并发展为次生植被过渡类型，在次生植被演替中的持续存在期为20～30年。幼苗期、生长期及花期的紫茎泽兰见图3-1。

图3-1　幼苗期、生长期及花期的紫茎泽兰（付卫东摄）

　　紫茎泽兰种群的花期一般在当年11月下旬开始孕蕾，12月下旬现蕾，花蕾于翌年2月形成，2月中旬始花，3月中旬至4月初盛花，4月中旬到5月中旬为结实期，此时叶片、果枝随之黄枯。种子成熟恰值干燥多风的季节，瘦果顶端有冠毛的种子极轻，可随风四处飘散。在自然条件下，紫茎泽兰种子自进入雨季后从5月下旬开始萌发出苗，6月为出苗高峰，6～7

月的出苗数占全年总出苗数的85%，且以土表的种子出苗率最高，达50.8%，1厘米以下土层的种子出苗率仅有2.4%。茎的月增长高峰在7月，生物量的增长高峰在8月。6～8月为紫茎泽兰的旺盛营养生长阶段，11月进入生殖生长，其茎高度、生物量的月增长量逐渐下降。通常从6～11月紫茎泽兰可生长14～16对叶片，在植株开花和种子形成时营养生长停止。对于生存率很高的当年生苗至当年停止生长时，叶片可达8～12对，株高一般为30～80厘米，已具有分枝能力，但是不开花结实，一般到翌年2月中下旬始花，4月初至5月中旬种子相继成熟。紫茎泽兰生活史见图3-2。

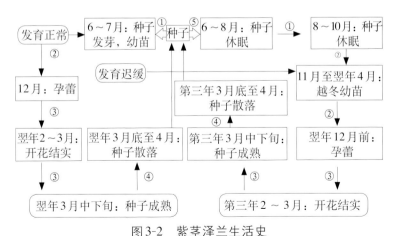

图3-2 紫茎泽兰生活史

①种子萌发 ②营养生长 ③生殖生长 ④种子扩散 ⑤种子潜伏

紫茎泽兰是一种阳性偏阴的C_3植物，在不同生境中，紫茎泽兰平均月增长量由高到低依次为：偏阳生境＞全荫湿润生境＞灌丛遮阴生境，生长旺季为6～10月的雨季。实生苗越年后通常在第一个旱季即可开花结实，但萌发较晚以及生长发育不良的个体一般并不开花而是保持营养生长。未开花结实的越年生实生苗的生长节律与当年生实生苗相似，但需要再经过一个生长季节甚至更长的生长发育期才能进行开花结实，完成其生活史周期（李爱芳等，2007）。生长于竹林下的紫茎泽兰见图3-3。

图3-3　生长于竹林下的紫茎泽兰
（付卫东摄）

随着样地纬度、海拔的升高，各种群幼苗的生长、繁殖参数均逐渐下降，同时紫茎泽兰换叶期、现蕾期、花期等物候节律也受到环境因子的影响。在滇中昆明和大理红岩样地中，各地理种群紫茎泽兰幼苗的换叶期出现于移植当年的12月，而在滇南勐仑、大渡岗样地中则在翌年2月下旬和3月中旬才分别出现换叶。在大渡岗、昆明、红岩3个样地中，紫茎泽兰幼苗在移植翌年的1月初现蕾，在2月下旬开花。而在勐仑样地中，紫茎泽兰植株在移植翌年2月中旬现蕾，在3月中旬始花，明显迟于上述3个样地。但在同一样地内，不同地理种群物候节律间没有明显的差异（周蒙等，2009）。

不同生境条件对紫茎泽兰营养生长有明显影响：一是海拔对紫茎泽兰种群的株丛数、分枝数、株高和紫茎泽兰生物产量有明显的影响，以海拔1 400～2 200米为紫茎泽兰种群营养生长的旺盛地区；二是纬度对紫茎泽兰种群株丛数和株高有明显的影响，紫茎泽兰种群在北纬24°～25°的范围内生长茂盛；三是经度对营养生长期紫茎泽兰的株丛数、营养枝数有明显的影响，经度≥97°的地区为紫茎泽兰种群生长的适宜地区；四是坡度对营养生长期紫茎泽兰的株高及紫茎泽兰生物量有明显的影响，尤其以中等坡度上的紫茎泽兰种群生长良好；五是风向坡对营养生长期紫茎泽兰的株高和生物产量有影响，尤以侧风坡方向的紫茎泽兰种群长势良好。根据调查分析和踏查结果以及总结历年的相关文献，建议以海拔1 400～2 200米，或北纬小于等于25°，或东经在97°～102°，或坡度为15°～29°，或坡向是阳坡和半阳坡的紫茎泽兰属生长旺盛的适宜地区，作为紫茎泽兰的重点防治地区；以海拔低于1 300米和高于2 300米，或北纬25°以上，或东经大于102°，或缓坡和中等坡度，或阴坡的紫茎泽兰属次适宜生长区域，作为次重点防治地区（黄梅芬等，2009）。

王文琪等（2010）选择撂荒地、路边、人畜严重干扰的马尾松林地、植被保持较好的马尾松林地和灌木林地5个有代表性的生境，对不同生境的紫茎泽兰幼苗的出土和生长情况进行定期定点调查。调查结果显示，紫茎泽兰幼苗的发生量以路边生境最多（298株/平方米），极显著地高于其他4种生境，灌木林生境的发生量最少（24株/平方米）。各生境翌年3月幼苗的存活率均较低，仅为3.8%～7.2%。生境也影响幼苗的生长速度，光照充足的撂荒地和路边生境对紫茎泽兰幼苗的生长最为有利，一年后的植株高度、茎基直径以及地上、地下部的生物量等指标最高；光照相对不足的3个林地生境各项指标较低。而根冠比和根重比与此相反。高速公路边的紫茎泽兰见图3-4。

图3-4　高速公路边的紫茎泽兰
（付卫东摄）

紫茎泽兰全年植株生长总是随时间而增加，但不同肥力的土壤增长速度差异明显。以肥力最高的混合土生长量为基数进行比较，菜园土仅为混合土株高增长的33%、干物质量的8.6%；旱地土、荒山表土更差，最差者为不具肥力的生红土，株高增长仅为10%，干物质约为1.3%。另外，植株的分枝情况也是以肥土处理者最多，贫瘠土处理者多不分枝（刘伦辉等，1989）。

二、种子萌发特性

紫茎泽兰种子属投机式萌发，一年内只要有适合的温湿条件都可以萌发。种子萌发的高峰期主要集中在雨季，而干旱的冬、春季节萌发率很低（李爱芳，2007）。

紫茎泽兰种子发芽的最低温度是在5℃左右，在5℃时发芽极缓慢，发芽率及整齐度均比较低；5℃以下不能发芽；而只有达到10℃以上时，发芽率、发芽势和发芽整齐度才能提高；15 ~ 20℃是发芽的最适温度。另外，低温顶处理的效果只能略微提高种子的发芽率尤其提高种子的发芽整齐度（倪文，1983）。

王文琪（2007）通过试验表明，紫茎泽兰种子萌发的温幅较宽，能在低温10℃恒温到高温50℃/20℃变温区间萌发（表3-1），不过在温度较高的区间种子发芽较好。在恒温处理中，以20 ~ 25℃的发芽率最高，30℃高温与15℃低温的萌发率相近，在恒温条件下紫茎泽兰种子的萌发速度与温度呈显著正相关。与恒温处理比较，变温处理更有利于种子的萌发，除高温组合 50℃/20℃ 对种子的萌发明显不利外，35℃/20℃ 和 40℃/20℃ 两种处理无论是萌发速度还是萌发率与其余 6 种处理的差异都达到显著水平。

表3-1　不同温室条件下紫茎泽兰的萌发率

（王文琪，2007）　　　　　　　　　单位：%

温度 （℃）	萌发天数（天）							
	1	3	5	7	9	11	13	15
10	0	0	0	6.0	7.7	8.2	8.2	8.2
15	0	5.3	11.4	24.2	48.7	66.2	71.2	71.2
20	0	11.3	41.6	63.8	70.8	76.2	78.6	79.2
25	0	21.6	56.2	78.3	80.0	82.5	82.5	82.5
30	0	35.3	66.2	71.4	72.1	73.4	73.4	73.4
35/20	0	51.2	79.6	88.2	92.6	92.6	92.6	92.6
40/20	0	43.0	81.6	86.2	88.4	88.4	88.4	88.4
50/20	0	0	0	0	8.3	18.6	18.6	18.6

不同地理种群紫茎泽兰种子萌发的适宜温度均为 25℃ 左右，在 15～25℃ 温度范围内，不同地理种群种子萌发能力随温度的增加而增加。在不同温度梯度下，不同地理种群种子萌发率间的差异与种群地点环境条件的相关性不强；各温度梯度下，种子萌发指数

均呈现出随着种群地点的纬度、海拔升高而减小的趋势，而种子平均萌发时间则呈现出随种群地点纬度、海拔升高而延长的趋势（周蒙等，2009）。

搁置0年的种子发芽势为71.5%，发芽率最高为81.6%，较搁置1年、2年的高，且当年的种子在鲜质量、芽长、根长数值上也较搁置1年、2年的大；另外，紫茎泽兰不同节处（植株从上往下被称为第一节、第二节，依此类推）种子的发芽率、鲜质量、芽长、根长差别不大，发芽势略微有一些不同，第二节、第三节、第四节的发芽势均接近67%，第一节、第五节的发芽势接近57%；而紫茎泽兰有性生殖植株产生的种子发芽势、发芽率较无性生殖的种子高约8%，根长、芽长长约0.1厘米，鲜质量高约7毫克（刘晓燕，2015）。由以上结果可知，当年生的紫茎泽兰种子、植株中部的种子、有性生殖形成植株的种子入侵力较强，在通过消灭种子防除紫茎泽兰时，可以重点防除有性生殖产生的植株中部的当年生种子。

紫茎泽兰种子发芽时需要光，在无光的黑暗条件下不能发芽。但是，只要具有400～800勒克斯的弱光条件时，就能正常发芽，发芽率和发芽势亦高（倪文，1983）。

光质和光强对紫茎泽兰的发芽率影响显著。其中，黄光、橙光和红光等波长在591～750纳米的光更有利于提高种子的萌发率（74.3%～83.3%），而较短波长的光（＜570纳米，紫光、蓝光和绿光）促进效果显著降低（62.3%～66.7%）（$P < 0.05$）。光强对紫茎泽兰种子发芽和幼苗影响较光的颜色更具有规律性。黑暗条件下发芽率22%，随着光照提高，发芽率指数增加（$r^2 = 0.96$），芽长指数下降（$r^2 = 0.99$），根长指数增加（$r^2 = 0.98$），而鲜重呈现线性增加（$r^2 = 0.70$）。适量红光（630纳米）和远红光（730纳米）照射能够打破和引起休眠，红光照射量与发芽率提高量呈线性正相关（$r^2 = 0.98$），而远红光照射率与发芽率降低量呈线性正相关（$r^2 = 0.92$），说明紫茎泽兰需光萌发是一个光敏色素引起的过程（姜勇等，2012）。

三、种子特性

不同生境中生长的紫茎泽兰单株花蕾数最高为334朵，最低为34朵，平均为131朵；单花蕾种子量平均为56粒，单株产籽量可达7 336粒；紫茎泽兰平均千粒重为0.084 2克，平均含水率为55.26%；紫茎泽兰种子放置444天后发芽率为22.00%，这段时间内平均发芽率为39.30%，种子放置510天后发芽率为5.80%，明显低于正常发芽时发芽率的50.00%，说明种子寿命达510天。紫茎泽兰种子置床后第四天开始发芽,到第六至第七天达到发芽高峰期,发芽势为10.00%~25.00%。由此可见,紫茎泽兰种子为长寿命种子,并有一个短暂的休眠期(欧国腾,2010)。紫茎泽兰种子雨后种子萌发出现2个峰值,分别为第9天与第17天,表明土壤中的紫茎泽兰种子会阶段性打破休眠(党伟光,2008)。

紫茎泽兰种子萌发的土壤pH为4~7,最适pH为5~6,当pH低于3或高于8均不表现出发芽;紫茎泽兰种子在土壤湿度达到30%以上时才能够发芽,且随土壤湿度的增高发芽势和发芽整齐度亦有所提高,发芽的最适土壤湿度为60%,低于16%时植物体不能生存(倪文,1983;易茂红,2008)。不同深度种子埋藏试验的结果表明,0.5厘米以上表层发芽率达51%,0.5~1.0厘米盖土层出芽10%,2厘米以下深埋种子不见有萌芽(刘伦辉等,1989)。

四、繁殖特性

紫茎泽兰是一种无融合生殖的三倍体(n=17),不经授粉和受精即可形成无配子种子(Auld,1970;Tendani and Steven,2004)。1919年,Holmgren在研究该种的减数分裂过程中首先发现了无融合生殖。Bake(1965)发现了其体细胞染色体为51条,不经授粉和受精即可形成种子,进一步明确了该杂草的强杂草性。

因为紫茎泽兰为三倍体植株，推测花粉粒二型性是由花粉粒的倍性引起的，小型花粉粒为单倍体，大型花粉粒为二倍体（鲁萍，2005）。紫茎泽兰主要靠种子繁殖，也可通过根和茎进行无性繁殖，其很强的有性繁殖和无性繁殖能力使其在与其他植物的竞争和拓展生存空间中处于非常有利的地位。

1. 有性繁殖　紫茎泽兰以种子繁殖为主，正常生长的紫茎泽兰群体，不同年龄级植株都会产生大量种子，其中以3～5年结实力最高，每平方米能产生26万～28万粒种子，连萼瘦果重约$4×10^{-5}$克，折合千粒重0.04克，按发芽率50%计算，每平方米生长5株，则1平方米种子可供40亩种源（图3-5）。不过高产年限之后，随年龄增加，结实力大幅度下降。12年生种群，产种量仅为高产年的14%左右。紫茎泽兰种子5月的播种出芽率极低，也无幼苗保存；6月的播种出芽率达到42%，但幼苗保存率极低；只有7月播种，出芽率达50%以上，而且成苗率也很高，特别置于有上层遮阴条件下的幼苗由于小环境较稳定，成苗率达到95%；继后8～9月播种，出芽率大大下降，成苗率更小；10月播种不见有幼苗出现。这一结果说明，紫茎泽兰幼苗的成长要求比较稳定的高温高湿条件（刘伦辉等，1989）。

图3-5　一株紫茎泽兰可产生大量种子（虞国跃摄）

2. 无性繁殖　紫茎泽兰的根和茎都可以进行无性繁殖，茎和分枝有须状气生根，具有萌发根芽的能力，入土便能繁殖成新的植株。在一些防除地，紫茎泽兰的残根剩枝也能够生根发芽成为新的幼苗（王进军，2005）。紫茎泽兰茎基部尽管木质化，但靠近地面接触土壤仍能萌发出根芽，产生新的植株（向业勋，1991；强胜，1998）。茎的不同部位成株率不同，以上部一年生茎成株率较高，平均为51％；下部茎成株率次之，为46％；中部茎成株率仅为29％。种子出苗率为26.5％。紫茎泽兰茎的生根原理为皮部生根（徐德全等，2009）。紫茎泽兰根系发达，见图3-6。

图3-6 紫茎泽兰根系发达（付卫东摄）

　　刘伦辉等（1989）通过调查，发现紫茎泽兰于4～5月当植株结实、地上部分枯死之后，待雨季来临很快又从根颈或半木质茎下部萌发新枝，其萌生能力也大体相似于有性繁殖规律，最高萌枝率出现在五龄级群体，每丛有40～75枝，平均按51株计算，则每亩土地长有14万活植株。一年生群体萌枝率一般只有五年生的5%～6%，12年生群体仅有群体最高年的25%，以后随年限增加，萌生力进一步下降。紫茎泽兰离体植株的繁殖力试验结果表明，只有带根的茎（根颈）才具有强大的萌生力，单纯茎秆成活力极弱，纯根不具有萌生能力。

五、土壤种子库

野外分层调查结果表明，紫茎泽兰种子主要分布在0 ~ 2厘米的表土层中（刘伦辉等，1989；沈有信，2004；周世敏等，2010）。

在非耕地中，0 ~ 0.5厘米土层中的种子占76.35%，5 ~ 10厘米内的种子很少。在耕地中，0 ~ 0.5厘米土层中的种子占51.01%，0.5 ~ 5厘米土层内有47.79%，5 ~ 10厘米深的土层内有1.2%，这与耕地中较强的农事操作有关（孙锡治等，1992）。

在紫茎泽兰的主要萌发时段后（7月到翌年的4月）于云南的5个地点采集了共19个不同植被覆盖下的土壤种子库样本。萌发实验结果表明，紫茎泽兰具有长久性的土壤种子库，其在云南的不同生境的土壤中广泛分布，所有19个样地中都有长久性的紫茎泽兰种子。0 ~ 10厘米土层的种子密度变动于47 ~ 13 806粒/平方米，平均为2 202粒/平方米。种子密度与样地内地表的紫茎泽兰间没有直接的联系，但与植被的覆盖状况有关，种子库密度由滑坡堆积物（47粒/平方米）到草地（801粒/平方米）到灌丛（2 349粒/平方米）到森林（3 255粒/平方米）间逐渐增加。种子在各种类型土壤的采样点间出现的频度为60% ~ 100%。在土壤的垂直方向，0 ~ 2厘米土层分布有较多的种子，2 ~ 5厘米土层次之，5～10厘米土层最少，其各层占总数的比例的平均值分别为56.1%、25.2%和18.6%。但值得注意的是，虽然紫茎泽兰的种子在5～10厘米深的土层内的存在量占总量的比例相对较少，但如果折合成密度值，其量仍高达270粒/平方米，仍有形成危害的潜在可能。广泛分布且数量巨大的具有长久性特性的紫茎泽兰土壤种子库对各种防治措施的制定意义重大，它要求人们长远地、大尺度地考虑防治措施（沈有信，2004）。

党伟光等（2008）通过野外调查与萌发实验相结合的方法初步探讨了受入侵地区种子库中包括紫茎泽兰在内的物种种类与储量情况。结果表明，在紫茎泽兰危害严重的地带，群落组成比较简单，草本层以紫茎泽兰最为丰富，种群构成为1～4年生植株及其荫庇下大量的实生幼苗，Drude多度极大，频度达100%；在土壤种子库中有13种高等植物出现，与植被组成的相似度为0.31；土壤种子库总储量为3 180粒/平方米，其中紫茎泽兰1 950粒/平方米，占总储量的61.3%。种子库各层种子储量不同，上层种子少于中下层，差异不显著（$P>0.05$），在土壤下层（5～10厘米层）的紫茎泽兰种子仍然可以萌发。

通过采集果园、放牧灌丛以及禁牧灌丛3种不同生境紫茎泽兰土壤种子库的样本，野外调查并结合盆栽实验，初步研究了紫茎泽兰土壤种子库基本特征以及光照和种子在土壤中的埋藏深度等对紫茎泽兰幼苗的影响。结果表明，果园、放牧灌丛和禁牧灌丛3种干扰程度不同生境的深层种子量占总种子量的比例分别为56.44%、46.96%和24.86%（$P=0.006$）。这说明土壤深层种子量大小与干扰成正比，干扰越大，深层次紫茎泽兰种子量占总种子量的比重越大。播种在0厘米、1厘米和5厘米深度的种子萌发率分别为64.67%、22.67%和13.33%，即种子埋藏越深，萌发率越低，不同层次种子萌发率差异极显著（$P=0.00$）；幼苗死亡率分别为27.95%、0和0，表层种子萌发的幼苗有较高的死亡率，而由埋藏在深层的种子萌发的幼苗没有死亡，土壤表层发芽的幼苗与不同埋藏深度种子萌发的幼苗之间死亡率差异极显著（$P=0.00$）。研究结果暗示，人类活动的干扰可能导致更多的紫茎泽兰种子进入土壤深层，从而改变了紫茎泽兰土壤种子库的结构。由于土壤深层种子比表层种子具有更强的抵抗强光照射等不良环境因子影响的能力，所萌发的幼苗成活率高，表明其具有更高的繁殖效率。因此，人类活动干扰是紫茎泽兰入侵后难以根除的原因之一（王硕，2009）。

唐樱殷、沈有信（2011）在紫茎泽兰入侵的云南南部和中部地区选择3种不同级别的9条公路的

23个取样地点，沿垂直于公路方向设置55条样线，采得374个土样。采用温室萌发法，研究了紫茎泽兰土壤种子库从公路沿线到邻近景观的储量、影响因子以及分布格局。结果表明，9条公路旁的土壤中储藏着丰富的紫茎泽兰种子，其种子库密度变动于3 152～25 225粒/平方米，占所有有效种子密度的平均比例为48.7%。公路级别、路旁景观类型和海拔对路旁紫茎泽兰种子库密度有显著影响。密度随公路级别的提高而增加；不同路旁景观类型中的种子库密度排序为稀树林＞稀树灌木林＞撂荒地和荒坡＞森林；海拔1 700～1 900米范围内的种子库密度最大。不同样线的种子库密度值随垂直于公路的距离变化格局略有不同，平均密度值和平均种子数量占样线总数的比例值都呈单峰变化，在距离公路最近端已经有很高密度，大多数样线的高峰值出现在9米以内。公路旁已经分布有一个紫茎泽兰种子带，因而提高路旁本地植物的盖度及郁闭度有利于控制紫茎泽兰通过种子更新进一步扩散。

六、开花特性

紫茎泽兰的花为白色，复伞房花序（图3-7），孕蕾时间多从11月下旬开始，12月下旬现蕾，翌年2月中下旬始花（刘伦辉，1989）。

图3-7　紫茎泽兰复伞房花序（刘强摄）

　　紫茎泽兰从始孕花序至头状花序的直径大小为
1.6 ～ 1.8毫米时为花芽分化期；直径从1.8 ～ 2.0毫米
至3.8 ～ 4.0毫米范围内为大小孢子及雌雄配子体发育
期，其中直径在2.3 ～ 3.5毫米时为减数分裂的主要过
程；胞质分裂为同时型，绒毡层发育属腺质绒毡层，
成熟花粉粒为3-细胞型；胚囊发育属蓼形，胚珠倒生，
单珠被，薄珠心。紫茎泽兰花芽分化历时短、结实量
大，为其快速入侵提供有利条件。胚胎发育过程中存
在双胚现象，可能与无融合生殖有关。

　　利用扫描电镜技术对紫茎泽兰的花芽分化进行了
详细的观察，发现紫茎泽兰的花芽分化过程大致可分
为圆锥花序分化期（11月中旬至12月中旬）、头状花

序分化期（12月中旬至翌年2月下旬）。其中，还可
细分为苞片分化期（12月中旬至下旬）和小花分化期
（12月下旬至翌年2月下旬），后者包括萼片分化期和
花瓣分化期（12月下旬至翌年1月下旬），雌、雄蕊分
化期（1月下旬至2月下旬）等（强胜，2005）。

第二节 生态学特性

一、抗逆特性

紫茎泽兰的生态适应幅度极宽，性喜温凉，耐阴、
耐旱、耐寒、耐高温，可以在热带甚至温带的宽气候
带下发生和生长，以热带和亚热带分布最多，并蔓延
到广大湿润、半湿润的亚热带季风气候地区。由于受
植物体本身生长特点及有效积温的影响，多分布在北
纬22°～28°。从气候生境上看，紫茎泽兰分布地一般
年均温度超过10℃，多在12.5～19.3℃。但是，绝对
最低温度不低于-11.5℃，能耐受-5℃低温和35℃最高
气温，或最冷月平均温度>6℃的气候条件均适宜其生
长和迅速蔓延。在年降水量为776～1 800毫米、无霜
期200～300天、年平均相对湿度高于68%的地区也
能生长。

苏秀红等（2005）通过比较研究不同地区紫茎泽

兰种群在干旱、高温和低温逆境胁迫下的生理反应，结果发现，云南罗平和元江、四川攀枝花种群较为耐旱，耐旱隶属函数总平均值分别为0.766、0.658和0.689；思茅种群则较为敏感，耐旱隶属函数总平均值为0.065。高温处理后，云南元江和元谋与其他种群相比热害指数最低、隶属函数值较高，较为耐热；而云南大理和广西隆林种群热害指数较高，隶属函数均值较低，被认为是敏感种群。结合其生境来看，恶性杂草紫茎泽兰种群之间的这种差异性反映了其对入侵地环境的适应性。

欧国腾（2009）就低温对紫茎泽兰的影响开展了调查，海拔达580米时，紫茎泽兰叶片发生萎蔫，部分被冻枯死，茎顶端冻死5～10厘米；海拔达800～1 000米时，紫茎泽兰叶片冻枯死，茎秆1/4以上冻死，随海拔升高，根有一定冻害；海拔达1 022米时，叶、茎、根全部冻死，茎秆皮冻破，根变黑淅皮，但有极少部分在背风处的紫茎泽兰根茎3～5厘米处保持绿色。调查结果表明，低温雨雪冰冻天气对紫茎泽兰有一定冻害，当冰冻低温持续时间较长时，影响就会越大，造成紫茎泽兰冻死的概率就越大。海拔高度对紫茎泽兰冻害影响很大，海拔越高，冻害越严重。

通过测定不同温度生境下经过低温处理后电解

质渗出率及扦插成活率，经对比后发现，低温生境下紫茎泽兰抗冻能力得到了增强，低温半致死温度在−6～−3℃，比温暖生境高3～6℃，抗冻性、可塑性强（侍华丽，2015）。

无论在自然状态下还是盆栽试验均证明，紫茎泽兰对铅、镉具有较强耐受性。盆栽试验表明，在1 000毫克/千克铅或者100毫克/千克镉胁迫下，紫茎泽兰均具有较好的耐受性，且紫茎泽兰对铅、镉有一定的吸收转移能力。研究发现，在铅、镉胁迫下紫茎泽兰可通过大量吸收氮、磷等元素来有效缓解重金属的毒害作用。这可能也是紫茎泽兰能适应高铅、镉胁迫的一种耐性机制（刘小文等，2015）。

二、光合特性

紫茎泽兰可以根据生长环境光强的变化调节其形态和生理过程，保证高光强下光合机构不受光破坏，低光强下能有效地利用光能，以维持叶片光能平衡和植株正常生长。刘文耀等（1988）发现，紫茎泽兰是一种阳性偏阴的C_3类植物，对光照的适应范围比较宽，光饱和点40 000勒克斯，补偿点700勒克斯，而光合速率相对较高，最大净光合速率达23微摩尔/（平方米·秒），且在一年的较长时间内能保持较高水平。光的强度也会影响苗期紫茎泽兰的生长。小苗可以在

4%的光强下存活、生长，并保持较高的光合能力。在6月雨季来临时，散落地面的瘦果在湿润和有10%以上的日光条件下，5天后开始萌发，幼苗很耐阴，在10%的日光条件下也能存活。刘文耀等（1988）还发现，从夏季到秋季紫茎泽兰一直处于旺盛的生长状态，而此时正是牧草及其他一些植物幼苗、幼树生长能力衰退的时期。另外，紫茎泽兰在营养生长期的夏季湿润季节，基生叶的光合速率、羧化效率和气孔导度往往较顶生叶高，不同类型紫茎泽兰叶片的最大净光合速率多数集中在11～15微摩尔/（千克·干重·秒），而生殖生长期间正是一年最早的春季，平均净光合速率只达到夏季的1/3光合能力，明显低于营养生长期，其叶片的净光合速率则以成叶＞嫩叶＞老叶。随着生长环境光强的增高，紫茎泽兰最大净光合速率、净同化速率、相对生长速率、单位面积叶片类胡萝卜素含量增高，单位干重叶片叶绿素含量降低，平均叶面积比和生长对叶根比的响应系数均降低，从而使紫茎泽兰能通过形态和生理特性的变化适应大幅度的光强范围。100%强光下紫茎泽兰光抑制不严重，叶生物量比、叶重分数和叶面积指数高于低光强下的值，但是紫茎泽兰叶片自遮阴严重。在弱光下叶面积、平均单叶面积和叶面积比较大，紫茎泽兰增加高度以截获更多光能，此时的紫茎泽兰根生物量比降低，支持生物量结构增大，尤其是在针阔混交林及针叶林林冠较密的林中，紫茎泽兰的株数和株高均较低。说明紫茎泽兰的生物量分配策略可以更好地反映弱光环境中的资源变化情况。紫茎泽兰是阳性偏阴的植物（图3-8）。

图3-8　紫茎泽兰是阳性偏阴的植物（付卫东摄）

强光下（100%相对光强）紫茎泽兰发生了轻度光抑制，最大净光合速率、光合色素含量和比叶重、类胡萝卜素含量和日间热耗散升高，但热耗散能力没有提高。强光下紫茎泽兰通过：①加强日间热耗散和活性氧清除能力以及光系统Ⅱ反应中心可逆失活来耗散过剩光能；②增大最大净光合速率以增加光能利用；③提高光合色素含量和比叶重，降低单位干重叶绿素含量以减少光能吸收这3个途径避免了光合机构光破坏。弱光下（36%、12.5%和4.5%相对光强）紫茎泽兰日间热耗散很小，光合色素含量和比叶重降低，但增大最大净光合速率较高，这有利于其增加光能吸收和利用效率。紫茎泽兰能在很大的光强范围内有效地维持光合系统正常运转，这可能是其表现较强入侵性的原因之一（王俊峰，2004）。

周世敏等（2009）研究结果表明，紫茎泽兰日净光合速率、气孔导度、蒸腾速率、光合有效辐射呈单峰曲线，到12：00达到峰值；紫茎泽兰光合特性的日变化为净光合速率4.1～14.7微摩尔/（平方米·秒）、气孔导度0.160～0.361摩尔/（平方米·秒）、蒸腾速率3.2～10.6毫摩尔/（平方米·秒）、光合有效辐射247～2 049微摩尔/（平方米·秒）；紫茎泽兰光饱和点为1 500微摩尔/（平方米·秒），光补偿点为13.7微摩尔/（平方米·秒），具有阳性偏阴的生态习性。

陈军等（2010）分析了紫茎泽兰的光谱。结果表明，紫茎泽兰光谱曲线在可见光范围内有2个反射峰和1个吸收谷，对应的波长分别为560纳米、730纳米和674纳米。紫茎泽兰在674纳米的吸收深度为0.504 3～1.910 3，吸收宽度为13.778 9～17.251 8纳米，中心吸收波段的左右面积呈左偏型，且左边面积与右边面积的比值为1.771 9～2.444 1。紫茎泽兰白色的花使光谱反射率在可见光范围内有一明显的抬升，并导致一阶微分光谱在420纳米产生一个波峰。与其他典型地物的光谱特征对比可知，紫茎泽兰在674纳米的吸收宽度和左右面积比值以及420纳米的一阶导数值是花期紫茎泽兰独有的光谱特征，可作为花期遥感识别与提取紫茎泽兰的重要参数。

欧阳芬等（2014）发现，紫茎泽兰并不会对长期的CO_2浓度升高产生驯化，即长期CO_2浓度升高会促进紫茎泽兰的光合作用，而且这一促进作用不受土壤中缺NH_4^+的影响。鉴于培养介质中缺NH_4^+会导致一些植物产生"CO_2驯化"，在未来CO_2浓度升高情况下，在缺NH_4^+的土壤中，紫茎泽兰的竞争力可能会更强。

李良博等（2016）研究认为，紫茎泽兰和艾草对UV-B辐射增强的光合作用与抗氧化系统响应过程类似但存在差异，对增强UV-B辐射环境的适应能力及抗逆性均较强；UV-B辐射刺激了紫茎泽兰的种内竞争，也降低了艾草的种间竞争能力。但无论在自然条件下还是UV-B辐射增强条件下，艾草的种间竞争能力都比紫茎泽兰强，但不足以淘汰对方。可见，艾草并不是合适的替代控制紫茎泽兰的植物。

三、生理特性

紫茎泽兰嫩叶的呼吸速率＞成叶＞老叶。紫茎泽兰的生殖器官具有较强的生理代谢能力，其呼吸速率普遍较根系和茎秆高4倍以上。紫茎泽兰的非同化器官部分的代谢能力也比较旺盛，但是与其他植物呼吸能力相比没有差异。紫茎泽兰通过气孔调节光合速率和水分蒸腾散失，保证紫茎泽兰在水分充足时的最大化光合速率，甚至降低水分利用效率。在干旱条件下，紫茎泽兰以提高水分利用效率为目的，保证植物能够最大限度地存活。紫茎泽兰的光合午休现象明显，在气孔导度相差不大，土壤的有机质、pH和有效氮含量差异不明显的情况下，湿生生境的光合速率和蒸腾速率显著高于干生生境，并导致叶片含氮量显著提高。气孔在调节紫茎泽兰水分利用效率方面具有在湿生生境下随气孔导度下降、水分利用效率下降的特性。在干生生境下，则具显著的"省水"植物和"费水"植物的双重特点。贺俊英等（2005）研究发现，紫茎泽兰种群间的气孔器密度、气孔器指数、气孔器长度等随地理条件的变化而表现出明显差异，而且气孔器密度、气孔器指数与海拔高度呈正相关。其中，在叶的远轴面上具有凸出型和凹陷型的两型性气孔器。在花瓣的近轴面和柱头表面有长乳突状细胞，可减少器官表面水分的损失，有效地防御昆虫啃食，减轻高强度的光照射所引起的损伤等。此外，紫茎泽兰及其该属植物表面均分布有具分泌黏液的腺体，同样具有防止昆虫啃食的功能。

四、竞争特性

作为一种恶性入侵杂草，紫茎泽兰根、茎、叶的提取液以及枯落物均具有化感作用，能抑制粮食作物、蔬菜和牧草等其他植物种子（如小麦、玉米、灰绿藜、稗草、反枝苋、黑麦草、冰草、白三叶、蓝桉、杉木、云南松）萌发、幼苗和成株生长，其中地上部分提取液的作用显著大于地下部分（吴志红，2004；杨国庆等，2008；聂林红等，2011；曹子林等，2017；鲁京慧，2018）。于兴军等（2004）通过对比紫茎泽兰入侵的不同生境发现，不同生境下紫茎泽兰茎和根的水浸提液的化感作用存在差异，即公路边＞落叶阔叶林＞常绿阔叶林，并通过关联分析显示出不同生境条件下的化感作用与本地植物的相对多度存在显著的相关关系，证明不同生境下化感作用的差异是影响紫茎泽兰入侵效果的原因之一。万欢欢（2010）认为，紫茎泽兰通过其叶片凋落物在入侵地土壤中降解，产生化感作用，直接抑制伴生植物的生长。化感作用还间接改变了土壤微生物群落，显著增加了自身固氮菌等功能微生物类群的数量，从而提高了土壤蔗糖酶、酸性磷酸酶和脲酶的活性，增加矿化并提高了土壤有效氮、磷、钾的含量，为自身创造了有利的土壤微环境，增强了其入侵力，实现进一步扩张。

紫茎泽兰内含对小麦有毒的化感物质，抑制种子胚乳大分子内含物水解，降低种子发芽率，妨碍植物生长，减少氮、磷、钾等养分吸收（范倩、黄建国，2018）。紫茎泽兰提取物对稗草、灰绿藜和反枝苋3种杂草植物种子萌发均具有明显的抑制作用；用1 000毫克/升紫茎泽兰提取物处理后，3种杂草幼苗的根尖均有不同程度的伤害；表明紫茎泽兰提取物抑制了3种杂草根边缘细胞的产生，并诱导了根尖边缘细胞凋亡，因而破坏了根边缘细胞对根尖的保护系统，最终抑制了根系的生长发育（马金虎等，2018）。

倍半萜烯化合物是前期研究中从紫茎泽兰中被分离出最多的化感物质（Bohlmann and Rajindex，1981；Bordoloi et al.，1985；Baruah et al.，1994），另一类被

分离出最多的化合物是泽兰酮，有9-酮-泽兰酮、泽兰二酮和羟基泽兰酮，其中泽兰二酮对旱稻和苜蓿幼苗根长50%的抑制浓度分别为0.979毫摩尔/升和0.714毫摩尔/升，羟基泽兰酮对旱稻和苜蓿幼苗根长50%的抑制浓度分别为0.680毫摩尔/升和0.660毫摩尔/升（宋启示等，2000；杨国庆等，2006）。另外，还有β-谷甾醇、豆甾醇、蒲公英甾醇、棕榈酸酯、蒲公英甾醇乙酸酯及克拉维醇等化合物（许云龙等，1988；丁智慧等，1999）。

五、对生物多样性的影响

紫茎泽兰入侵后，可以改变土壤理化性质，排挤伴生植物形成大片的单优群落，导致原有植物群落的衰退和消失，影响土壤微生物、土壤节肢动物，危及生物物种多样性和遗传多样性。

丁晖等（2007）调查了云南省和四川省5个受紫茎泽兰入侵的样地中草本植物和灌木的种类和数量。调查发现，紫茎泽兰入侵造成5种生境条件下物种丰富度指数下降显著或极显著。另外，紫茎泽兰入侵对节肢动物的多样性有着明显的抑制作用。王文琪等（2008）发现，撂荒地紫茎泽兰分布区内的节肢动物物种数、个体数均大于农林交错地和林地紫茎泽兰分布区，且差异显著；农林交错地的个体平均数大于林地紫茎泽兰区，但物种数平均值相近。而农林交错带和林地紫茎泽兰区中，天敌和害虫比例分布相对比较均衡。撂荒地紫茎泽兰分布区内植食性昆虫虽多，但天敌的物种及个体数量较少，林区和农林交错地带，其生境相对封闭并且受各种干扰较少，植食性昆虫的物种稳定性相比撂荒地要高很多。因此，天敌和害虫数量相对均衡。但在紫茎泽兰分布的3种不同生境中，节肢动物的数量及种类都较少，调查过程中多数昆虫是通过网捕方式获得的，在紫茎泽兰植株上捕获的极少，说明这些昆虫多数都是临时栖息者，撂荒地的种数高于农林带和林区，但蜘蛛在所有节肢动物中所占比例却正好相反，也证明了撂荒地和农林带的昆虫多数来源于周围的农田及果园，属于暂时性栖居。

牛红榜（2007）认为，紫茎泽兰入侵改变了土壤微生物群落，提高土壤自生固氮菌、氨氧化细菌和真菌数量，也提高了土壤的有效磷、速效钾、硝态氮、氨态氮含量，同时其根际存在丰富的具有拮抗性能的细菌类群，可能是紫茎泽兰不受土传病害侵扰的原因。其根系和茎叶浸提液可以改变土壤微生物群落，促进根际细菌的生长。通过这些途径，紫茎泽兰获得了土壤微生物的有益反馈，为自身生长创造有利条件。这是一个自我促进式的入侵机制，紫茎泽兰改变入侵地土壤微生物群落，创造了对自身生长有利的土壤环境。肖博（2014）通过研究认为，未灭菌的紫茎泽兰土壤对紫茎泽兰种子萌发产生一定的促进作用，而对香茶菜种子萌发产生一定的抑制作用，表明紫茎泽兰入侵后改变了土壤微生物群落，进而促进了自生种子萌发且抑制了本地植物香茶菜种子的萌发，从而增强自身的竞争力。

张修玉等（2010）研究了西双版纳紫茎泽兰入侵地的植物、土壤动物与土壤微生物的多样性，结果表明：①不同程度入侵区的植物种类及其重要值差别较大，在重度入侵区，紫茎泽兰的重要值高达237.74%。但随着入侵程度的降低，植物种类有所增加且紫茎泽兰的重要值随之降低；丰富度指数、多样性指数、优势度指数与均匀度指数均表现为轻度入侵区＞中度入侵区＞重度入侵区。②3种入侵区的土壤动物隶属23目，其中弹尾目（Collembola）、蜱螨目（Acarina）和膜翅目（Hymenoptera）为优势种群，三者总量占捕获总数的61.77%；丰富度指数、多样性指数、优势度指数、均匀度指数与密度类群指数均表现为轻度入侵区＞中度入侵区＞重度入侵区。③土壤微生物可培养数量类群方面，细菌表现为中度入侵区＞重度入侵区＞轻度入侵区，放线菌、真菌、自生固氮菌与氨氧化细菌均表现为重度入侵区＞中度入侵区＞轻度入侵区；多样性指数表现为重度入侵区＞轻度入侵区＞中度入侵区，优势度指数表现为轻度入侵区＝中度入侵区＞重度入侵区，均匀度指数表现为重度入侵区＞轻度入侵区＝中度入侵区。可见，紫茎泽兰入侵地的植物与土壤动物多样性随入侵程度加重而降低，但土壤微生物多样性却随入侵程度加重反而呈上升趋势。

第四章
紫茎泽兰检疫方法

　　检疫措施是控制紫茎泽兰传播扩散、蔓延危害的首要技术措施。检疫机构对紫茎泽兰发生区及周边地区的动植物及其产品的调运、输出强化检疫和监测，有助于防止紫茎泽兰扩散蔓延。

第一节　检疫方法

一、调运检疫

　　一般指从疫区运出的物品除获得有关部门许可外均须进行检疫检验。检疫部门对植物及植物产品、动物及动物产品或其他检疫物在调运过程中进行检疫检验，是严防紫茎泽兰人为传播扩散的关键环节，可以分为调出检疫和调入检疫。

（一）应检疫的物品

1.植物和植物产品　该类产品主要是通过贸易流通、科技合作、赠送、援助、旅客携带和邮寄等方式进出境。

2.动物和动物产品　指对牲畜的引种和动物产品的远距离调运，如牛、羊等活畜，羊毛、皮货等。该类物品主要通过贸易流通、引种等方式进出境。

3.土壤及栽培介质　带有土壤的其他植物；使用过的运输器具/机械；在存放时，曾与土壤接触的草捆和农作物秸秆、农家肥，与土壤接触过的废品、垃圾等。

4.装载容器、包装物、铺垫物和运载工具及其他检疫物品　在植物和植物产品、动物和动物产品流通中，需要使用多种多样的装载容器、包装物、铺垫物和运载工具。

（二）检疫地点

在紫茎泽兰发生地区及邻近地区，经省级以上人民政府批准，疫区所在地检疫部门可以选择交通要道或其他适当地方设立固定检疫点，对从紫茎泽兰发生区驶出或驶入的可能运载有应检物品的车辆和可能被紫茎泽兰污染的装载容器、包装物进行检查。

（三）检疫证书

对于从紫茎泽兰发生地区外调的植物及植物产品、动物及动物产品，经过检疫部门严格检疫，确实证明不带检疫对象后可出具检疫证书；对于从外地调入的植物及植物产品、动物及动物产品，调运单位或个人必须事先向所在地植物检疫部门申报，检疫部门要认真核实植物及植物产品、动物及动物产品原产地紫茎泽兰发生情况，并实施实地检疫或实验室检疫，确认没有发生疫情后，方可允许调入。对于调出或调入的蔬菜、水果、集装箱、运输工具、农林机械及其他检疫物品等也应实行严格检查，重点检查货物、包装物、内容物、携带土壤中是否夹带、黏带或混藏紫茎泽兰繁殖体。

调查的种子需要进行实验室检疫时，采用对角线或分层取样方法抽取样品，于实验室内过筛检测。以回旋法或电动振动筛振荡，使样品充分分离，把筛上物和筛下物分别倒入白瓷盘内，用镊子挑拣疑似紫茎泽兰种子，放入培养皿内鉴定。

二、产地检疫

在紫茎泽兰发生区植物、动物、植物产品、动物产品或其他检疫物调运前，由输出地的县级植物检疫部门派出检疫人员到原产地进行检疫检验。

1.检疫地点　主要包括草场、农田、果园、林地以及公路和铁路沿线、河滩、农舍、牧场、有外运产品的生产单位以及物流集散地等场所。

2.检疫方法　在紫茎泽兰生长期或开花期，到上述地点进行实地调查，根据该植物的形态特征进行鉴别，确定种类。

3.检疫监管　检疫部门应加强对牲畜、家禽、种子、林木种苗、花卉繁育基地的监管，特别是从省外、国外引种的牲畜、家禽、种子、林木种苗、花卉繁育基地。对从事植物及植物产品加工、动物及动物产品加工的单位或个人进行登记建档，定期实施检疫监管。

第二节　鉴定方法

在检疫过程中，发现疑似紫茎泽兰植株或种子时，可按照以下3个方面进行鉴定。

一、鉴定是否为菊科

菊科植物的鉴定特征：草本、亚灌木或灌木，稀为乔木。有时有乳汁管或树脂道。叶通常互生，稀对生或轮生，全缘或具齿或分裂，无托叶，或有时叶柄基部扩大成托叶状；花两性或单性，极少有单性异株，整齐或左右对称，五基数，少数或多数密集成头状花序或为短穗状花序，为1层或多层总苞片组成的总苞所围绕；头状花序单生或数个至多数排列成总状、聚伞状、伞房状或圆锥状；花序托平或凸起，具窝孔或无窝孔，无毛或有毛；具托片或无托片；萼片不发育，通常形成鳞片状、刚毛状或毛状的冠毛；花冠常辐射对称，管状，或左右对称，两唇形，或舌状，头状花序盘状或辐射状，有同形的小花，全部为管状花或舌状花，或有异形小花，即外围为雌花，舌状，中央为两性的管状花；雄蕊4～5个，着生于花冠管上，花药内向，合生成筒状，基部钝，锐尖，戟形或具尾；花柱上端2裂，花柱分枝上端有附器或无附器；子房下位，合生心皮2枚，1室，具1个直立的胚珠；果为不开裂的瘦果；种子无胚乳，具2个，稀1个子叶（引自《中国植物志》第74卷）。

二、鉴定是否为泽兰属

多年生草本、半灌木或灌木。叶对生，少有互生的，全缘、锯齿或3裂。头状花序小或中等大小，在茎枝顶端排成复伞房花序或单生于长花序梗上，花两性，管状，结实，花多数，少有1～4个的。总苞长圆形、卵形、钟形或半球形；总苞片多层或1～2层，覆瓦状排列，外层渐小或全部苞片近等长。花托平、突起或圆锥状，无托片。花紫色、红色或白色。花冠等长，辐射对称，檐部扩大，钟状，顶端5裂或5齿。花药基部钝，顶端有附片。花柱分枝伸长，线状半圆柱形，顶端钝或微钝。瘦果5棱，顶端截形。冠毛多数，刚毛状，1层（引自《中国植物志》第74卷）。

三、鉴定是否为紫茎泽兰

多年生草本，高30～90厘米。茎直立，分枝对生、斜上，茎上部的花序分枝伞房状；全部茎枝被白色或锈色短柔毛，上部及花序梗上的毛较密，中下部花期脱毛或无毛。叶对生，质地薄，卵形、三角状卵形或菱状卵形，长3.5～7.5厘米，宽1.5～3厘米，有长叶柄，柄长4～5厘米，上面绿色，下面色淡，两面被稀疏的短柔毛，下面及沿脉的毛稍密，基部平截或稍心形，顶端急尖，基出三脉，侧脉纤细，边缘有粗大圆锯齿；接花序下部的叶波状浅齿或近全缘。头状花序多数在茎枝顶端排成伞房花序或复伞房花序，花序径2～4厘米或可达12厘米。总苞宽钟状，长3毫米，宽4毫米，含40～50个小花；总苞片1层或2层，线形或线状披针形，长3毫米，顶端渐尖。花托高起，圆锥状。管状花两性，淡紫色，花冠长3.5毫米。瘦果黑褐色，长1.5毫米，长椭圆形，5棱，无毛无腺点。冠毛白色，纤细，与花冠等长。花果期4～10月。海拔1 200米以下。

第三节　检疫处理方法

产地检疫过程中确认发现紫茎泽兰时，应立即向当地检疫部门和外来入侵生物管理部门报告，并根据实际情况启动应急治理预案，防止紫茎泽兰进一步传播扩散。

在调运的植物、动物、植物产品、动物产品或其他检疫物实施检疫或复检中，发现紫茎泽兰植株或种子时，应严格按照植物检疫法律法规的规定对货物进行处理。同时，立即追溯该批动物、植物、动物产品、植物产品或其他检疫物的来源，并将相关调查情况上报调运目的地的检疫部门和外来入侵生物管理部门。

对于产地检疫新发现或调运检疫追溯到的紫茎泽兰要采取紧急防治措施，使用高效化学药剂直接灭除，定期监测发生情况，开展持续防治，直至不再发生或经管理部门委派专家评议认为危害水平可以接受为止。

货物原产地检验和货物调运检验过程见图4-1、图4-2。

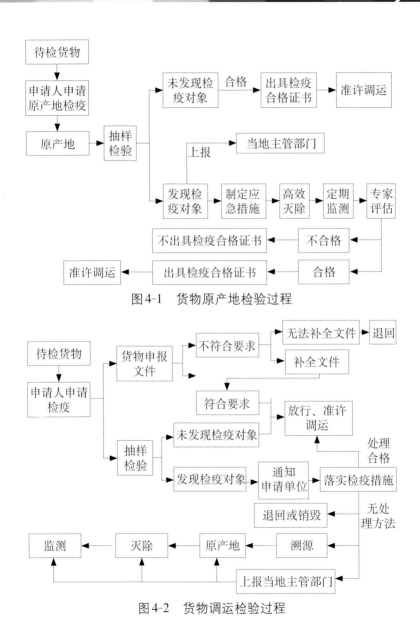

图4-1 货物原产地检验过程

图4-2 货物调运检验过程

第五章
紫茎泽兰调查与监测方法

加强调查监测是防范紫茎泽兰的入侵、定殖、扩散、保护本地生物多样性、确保生态环境安全的基础前提和重要保障。通过对紫茎泽兰发生情况进行调查监测，能够为防治计划和防治方案的制订提供依据，有利于做到早发现、早扑灭、早控制。

第一节　调查方法

紫茎泽兰调查一般是指农业、林业、环保等外来入侵物种管理部门，以县级行政区域为基本调查单元，通过走访调查、实地调查或其他程序识别、采集、鉴定和记录紫茎泽兰发生、分布、危害情况的活动。

一、调查区域划分

根据紫茎泽兰是否发生，发生、危害情况，将紫茎泽兰调查区域划分为潜在发生区、发生点和发生区3种类型，实施分类调查。

1. 潜在发生区　那些尚未有记载，但自然条件下能满足紫茎泽兰生长、繁殖的生态区域即为紫茎泽兰潜在发生区。以县级行政区作为基本调查单位，采用走访调查、踏查和样地调查3种方法，重点调查是否有紫茎泽兰发生。

在比邻紫茎泽兰发生区的县级行政区，每个乡（镇）至少选取5个行政村设置固定调查点；在比邻境外紫茎泽兰发生区的县级行政区，除按上述要求设置固定调查点外，还要沿边境一线5千米我国领土一侧间隔10千米选取紫茎泽兰极易发生的山谷、河溪两侧、草原、公路和铁路沿线两侧、农田、果园、林地、机关、学校、厂矿、庭院、村道、交通枢纽设置重点调查点，同时增设边贸口岸、边贸集镇和边境村寨重点调查点。

2. 发生点　在紫茎泽兰适生区，在紫茎泽兰植株定殖且片状发生面积小于667平方米的区域即为紫茎泽兰发生点。在发生点可直接设置样地进行调查。

3. 发生区　紫茎泽兰繁殖体传入后，能在自然条件下繁殖产生和形成一定的种群规模，并不断扩散、传播的生态区域即为紫茎泽兰发生区。在紫茎泽兰发生点的县级行政区，无论发生点的数量多少、面积大小，该区域即为紫茎泽兰发生区。

在紫茎泽兰发生的县级行政区，每个乡（镇）至少选取5个行政区设置固定调查点。

二、调查内容

调查内容包括紫茎泽兰是否发生、传播载体及途径、发生面积、分布扩散趋势、生态影响、经济危害等情况。

对紫茎泽兰的调查时间根据离监测点较近的发生区或气候特点与监测区相似的发生区中紫茎泽兰的生长特性，选择紫茎泽兰开花的时期进行。贵州境内的紫茎泽兰的花期为11月至翌年4月（易茂红，2008）；分布在四川境内的紫茎泽兰每年1～2月现蕾，2～3月开花（周俗，1999）。

三、调查方法

采用走访调查、踏查和样地调查的方法对紫茎泽兰发生、分布和危害情况进行调查。

（一）走访调查

在广泛收集紫茎泽兰发生信息的基础上，对紫茎泽兰易发生区域的当地居民、管理部门工作人员及专家等进行走访咨询或问卷调查，以获取所调查区域的紫茎泽兰发生情况。每个社区或行政村走访调查30人以上，对走访过程中发现紫茎泽兰可疑发生地区，应进行深入重点调查（图5-1）。

图5-1　工作人员对紫茎泽兰发生情况走访调查（张国良摄）

　　走访调查的主要内容包括是否发现疑似紫茎泽兰的植物、首次发现时间、地点、传入途径、生境类型、发生面积、危害情况、是否采取防治措施等，调查结果记入表5-1。

表5-1　紫茎泽兰发生情况走访调查表

基本信息	
表格编号[a]：	
调查地点：_____省（自治区、直辖市）_____市（盟）___县（市、区、旗）_____乡（镇）/街道_____村	
经纬度：	海拔：
被访问人姓名：	联系方式：
访问内容	
1.是否发现开白花、多年生疑似紫茎泽兰的植物？	
2.首次发现疑似紫茎泽兰的时间、地点？	
3.可能的传入途径？	
4.发生的生境类型？	
5.发生的面积？	
6.对农业、林业、畜牧业的影响和危害？	
7.牲畜食此植物后有无不良反应？	
8.目前有无利用途径？	
9.是否采取防治措施？	
备注：	
调查人：	调查时间：
联系方式：	

　　[a]　表格编号由调查地点编号+调查年份后两位+本年度调查次序组成。

（二）踏查

在紫茎泽兰适生区，综合分析当地紫茎泽兰的发生风险、入侵生境类型、传入方式与途径等因素，合理设计野外踏查路线，选派技术人员，通过目测或借助望远镜等方式获取紫茎泽兰的实际发生情况和危害情况，调查结果填入紫茎泽兰潜在发生区踏查记录表（表5-2）。

表5-2 紫茎泽兰潜在发生区踏查记录表

表格编号[a]：_____ 踏查日期：_____ 经纬度：_____
调查点位置：_____省（自治区、直辖市）_____市（州、盟）_____县（市、区、旗）_____乡（镇）/街道_____村
踏查路线：_____；
踏查人：_____工作单位：_____职务/职称：_____
联系方式：固定电话_____移动电话_____电子邮件_____

踏查生境类型	踏查面积（公顷）	踏查结果	备注
合计			

[a] 表格编号以监测点编号+监测年份后两位+年内踏查的次序号（第n次踏查）组成。

对紫茎泽兰踏查记录进行统计汇总，并填入生成汇总表（表5-3），为下一步紫茎泽兰的治理措施提供翔实的资料。

表5-3　紫茎泽兰潜在发生区踏查情况统计汇总表

序号	州（市、盟）	调查县个数	调查点数	海拔范围（米）	调查点负责人	调查面积（公顷）	其中							
							耕地	草场	林地	果园	荒地	公路铁路沿线	河流溪流沿线	其他
1														
2														
3														
4														

科研工作人员在田间调查紫茎泽兰发生情况（图5-2）。

图5-2　科研工作人员在野外调查紫茎泽兰发生情况（张国良摄）

（三）样地调查

根据紫茎泽兰适生区生境类型和在发生区的危害情况，确定调查的生境类型，每个生境类型设置调查样地不少于10个，每个样地面积667～3 335平方米。每个样地内选取20个以上的样方，每个样方的面积不小于1.0平方米。用定位仪定位测量样地经度、纬度和海拔，记录样地的地理信息、生境类型和物种组成。观察有无紫茎泽兰危害，记录紫茎泽兰发生面积、密度、危害方式和危害程度。填写紫茎泽兰潜在发生区定点调查记录表（表5-4）。

表5-4 紫茎泽兰潜在发生区定点调查记录表

基本信息					
表格编号[a]：			调查时间： 年 月 日		
定点调查的单位：					
调查地点：_____省（自治区、直辖市）_____市（州、盟）_____县（市、区、旗）乡（镇）/街道_____村					
位置信息：			海拔（米）：		
生境类型：			土壤质地：		
植被组成、特征：					
调查内容					
样方序号	是否发现紫茎泽兰	受害植物	覆盖度（%）	危害程度	发生面积（公顷）
1					
2					

（续）

调查内容					
样方序号	是否发现紫茎泽兰	受害植物	覆盖度（%）	危害程度	发生面积（公顷）
3					
…					

备注：

调查人信息：姓名_____职称_____联系方式_____

a 表格编号以监测点编号+监测年份后两位组成+年内调查的次序号（第n次调查）组成。

第二节　监测方法

一、监测区的划定方法

监测是指在一定的区域范围内，通过走访调查、实地调查或其他程序持续收集和记录紫茎泽兰发生或者不存在，以掌握其发生、危害的官方活动。

（一）划定依据

开展监测的行政区域内的紫茎泽兰适生区即为监测区。为便于实施和操作，一般以县级行政区域作为发生区与潜在发生区划分的基本单位。县级行政区域内有紫茎泽兰发生，无论发生面积大或小，该区域即为紫茎泽兰发生区。

（二）划定方法

为使监测数据具有较强的代表性，选择一定量监测点很关键。在开展监测的行政区域内，依次选取20%的下一级行政区域至地市级，在选取的地市级行政区域中依次选择20%的县和乡（镇），每个乡（镇）选取3个行政村进行调查。

（三）监测区的划定

1. 发生点 紫茎泽兰植株发生外缘周围100米以内的范围划定为一个发生点（2棵紫茎泽兰植株或2个紫茎泽兰发生斑块的距离在100米以内为同一发生点）。

2. 发生区 发生点所在的行政村（居民委员会）区域划定为发生区范围；发生点跨越多个行政村（居民委员会）的，将所有跨越的行政村（居民委员会）划为同一发生区。

3. 监测区 发生区外围5 000米的范围划定为监测区；在划定边界时，若遇到水面宽度大于5 000米的湖泊、水库等水域，对该水域一并进行监测。

（四）设立监测标志牌

根据紫茎泽兰生态特征以及传播扩散特征，在监测区相应生境中设置不少于10个固定监测点，每个监测点不少于10平方米，悬挂明显监测点标志牌，一般每月观察一次。

监测点标志牌的内容包括监测地点、海拔范围、监测面积、监测内容、主持单位和调查单位等，同时要将紫茎泽兰的主要形态特征以及在该地区入侵情况和危害作简要介绍。

二、监测内容

（一）发生区监测内容

包括紫茎泽兰的危害程度、发生面积、分布扩散趋势和土壤种子库等。

（二）潜在发生区监测内容

紫茎泽兰是否发生。在潜在发生区监测到紫茎泽兰发生后，应立即全面调查其发生情况，并按照发生区监测的方法开展监测。

三、监测方法

（一）样方法

在监测点选取1～3个紫茎泽兰发生的典型生境设置样地，在每个样地内随机选取20个以上的样方，样方面积不小于1平方米，样方法调查紫茎泽兰见图5-3。对样方内的所有植物种类、数量及盖度进行调查，调查的结果按表5-5的要求记录和整理，并将结果进行汇总，记录于表5-6中。

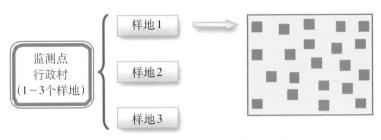

图5-3　样方法调查紫茎泽兰示意图

表5-5　采用样方法调查紫茎泽兰及其伴生植物群落调查记录表

调查日期：＿＿＿表格编号[a]：＿＿＿样地数量：＿＿＿样地大小：＿＿＿（平方米）
监测点位置：＿＿＿＿＿＿省（自治区、直辖市）＿＿＿＿＿市（州、盟）
＿＿＿＿＿＿县（市、区、旗）＿＿＿＿＿＿乡（镇）/街道＿＿＿＿村
调查样地位置：＿＿＿＿＿经纬度：＿＿＿＿＿调查样地生境类型：＿＿＿
调查人：＿＿＿＿＿工作单位：＿＿＿＿＿＿＿职务/职称：＿＿＿＿＿
联系方式：固定电话＿＿＿＿＿移动电话＿＿＿＿＿电子邮件＿＿＿＿

样地序号	调查结果
1	植物名称I[株数]，盖度（%）；植物名称II[株数]，盖度（%）……
2	
…	

[a] 表格编号以监测点编号+调查小区编号+监测年份后两位+3组成。划定调查小区时自行确定调查小区编号。

表5-6　样方法紫茎泽兰种群调查结果汇总表

汇总日期：＿＿＿＿＿＿＿＿＿表格编号[a]：＿＿＿＿＿＿＿＿＿
样地数量：＿＿＿＿＿＿＿＿＿样地大小：＿＿＿＿＿＿（平方米）
调查人：＿＿＿工作单位：＿＿＿＿＿＿＿职务/职称：＿＿＿＿＿
联系方式：固定电话＿＿＿＿＿移动电话＿＿＿＿＿电子邮件＿＿＿＿

（续）

序号	植物名称[b]	株数	出现的样地数	盖度（%）
1				
2				
…				

[a] 表格编号以监测点编号+调查小区编号+监测年份后两位+4组成。
[b] 除列出植物的中文名或当地俗名外，还应列出植物的学名。

（二）样线法

在监测点选取1～3个紫茎泽兰发生的典型生境设置样地，随机选取1条或2条样线，每条样线选50个等距的样点，样线法取样示意图见图5-4所示。常见生境中样线的选取方案见表5-7。样点确定后，将取样签垂直于样点所处地面插入地表，插入点半径5厘米内的植物即为该样点的样本植物，按表5-8的要求记录和整理，并将调查结果进行汇总，记录于表5-9。

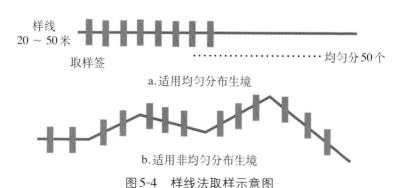

样线
20～50米
取样签
均匀分50个
a.适用均匀分布生境

b.适用非均匀分布生境

图5-4　样线法取样示意图

表5-7 样线法中不同生境中的样线选取方案

单位：米

生境类型	样线选取方法	样线长度	点距
菜地	对角线	20~50	0.4~1.0
玉米田	对角线	50~100	1.0~2.0
大豆田	对角线	20~100	0.4~2.0
花生田	对角线	20~100	0.4~2.0
其他作物田	对角线	20~100	0.4~2.0
果园	对角线	50~100	1.0~2.0
撂荒地	对角线	20~100	0.4~2.0
天然/人工草场	对角线	20~100	1.0~2.0
江河、沟渠沿岸	沿两岸各取一条（可为曲线）	50~100	1.0~2.0
干涸沟渠内	沿内部取一条（可为曲线）	50~100	1.0~2.0
铁路、公路两侧	沿两侧各取一条（可为曲线）	50~100	1.0~2.0
天然/人工林地、山坡	对角线，取对角线不便或无法实现时可使用Z形、S形、V形、N形、W形曲线	50~100	1.0~2.0
城镇绿地、生活区以及其他生境	对角线，取对角线不便或无法实现时可使用Z形、S形、V形、N形、W形曲线	50~100	1.0~2.0

表5-8 样线法紫茎泽兰草种群调查记录表

调查日期：_____表格编号[a]：_____样地数量：_____样地大小：_____（平方米）

监测点位置：_____省（自治区、直辖市）_____市（州、盟）

_____县（市、区、旗）_____乡（镇）/街道_____村

调查样地位置：_____经纬度：_____调查样地生境类型：_____
调查人：_____工作单位：_____职务/职称：_____
联系方式：固定电话_____移动电话_____电子邮件_____

样点序号[b]	植物名称	株数
1		
2		
3		
…		

[a] 表格编号以监测点编号+生境类型序号+监测年份后两位+5组成。生境类型序号按调查的顺序编排，此后的调查中，生境类型序号与第一次调查时保持一致。

[b] 选取2条样线的，所有样点依次排序，记录于本表。

表5-9　样线法紫茎泽兰所在植物群落调查结果汇总表

汇总日期：_____表格编号[a]：_____
调查人：_____工作单位：_____职务/职称：_____
联系方式：固定电话_____移动电话_____电子邮件_____

序号	植物名称[b]	株数
1		
2		
3		
…		

[a] 表格编号以监测点编号+生境类型序号+监测年份后两位+6组成。

[b] 除列出植物的中文名或当地俗名外，还应列出植物的学名。

（三）土壤种子库调查法

在紫茎泽兰监测过程中，也可采用土壤种子库调查方法。在所确定的样地中，随机选取1米×1米的样方，在样方内再取面积为10厘米×10厘米的小样方。

分层取样，取样深度依次为0～2厘米（上层）、2～5厘米（中层）、5～10厘米（下层）。将取回的土样把凋落物、根、石头等杂物筛掉，然后将土样均匀地平铺于萌发用的花盆里，浇水，定期观测土壤中紫茎泽兰种子萌发情况，对已萌发出的幼苗计数后清除。如连续2周没有种子萌发，再将土样搅拌混合，继续观察，直到连续2周不再有种子萌发后结束，监测的结果按表5-10的要求记录和整理。

表5-10 紫茎泽兰种子库检测结果汇总表

监测日期：_____取样点位置：_____经纬度：_____表格编号[a]：_____
取样小区位置：_____取样小区生境类型：_____
调查人：_____工作单位：_____职务/职称：_____
联系方式：固定电话_____移动电话_____电子邮件：_____

样方	取样深度（厘米）			合计	种子库（粒/平方米）
	0～2	2～5	5～10		
1					
2					
3					
…					

[a] 表格编号以生境编号+取样样方编号+取样年份后两位+3组成。划定取样样方时自行确定样方编号。

四、危害等级划分

根据紫茎泽兰的盖度（样方法）或频度（样线法），将紫茎泽兰危害分为3个等级：

——1级：轻度发生，盖度或频度＜20%。

——2级：中度发生，盖度或频度20%～40%。

——3级：重度发生，盖度或频度＞40%。

五、发生面积调查方法

采用踏查结合走访调查的方法，调查各监测点（行政村）中紫茎泽兰的发生面积与经济损失。根据所有监测点面积之和占整个监测区面积的比例，推算紫茎泽兰在监测区的发生面积与经济损失。

对发生在农田、果园、荒地、绿地、生活区等具有明显边界的生境内的紫茎泽兰，其发生面积以相应地块的面积累计计算，或划定包含所有发生点的区域，以整个区域的面积进行计算；对发生在草场、林地、铁路公路沿线、河流溪流沿线等没有明显边界的紫茎泽兰，持GPS定位仪沿其分布边缘走完一个闭合轨迹后，将GPS定位仪计算出的面积作为其发生面积。其中，铁路路基、公路路面、河流和溪流水面的面积也计入其发生面积。对发生地地理环境复杂（如山高坡陡、沟壑纵横）、人力不便或无法实地踏查或使用GPS定位仪计算面积（图5-5），也可使用航拍法、目测法、通过咨询当地国土资源部门（测绘部门）或者熟悉当地基本情况的基层人员，获取其发生面积。

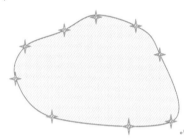

图5-5 利用GPS定位仪测定紫茎泽兰发生面积示意图

调查的结果按表5-11的要求记录。

表5-11 紫茎泽兰监测样点发生面积记录表

调查日期：＿＿＿＿＿＿＿经纬度：＿＿＿＿＿＿＿表格编号[a]：＿＿＿＿＿＿
监测点位置：＿＿＿＿＿省（自治区、直辖市）＿＿＿＿＿市（州、盟）
＿＿＿＿＿县（市、区、旗）＿＿＿＿＿乡（镇）/街道＿＿＿＿＿村
调查人：＿＿＿＿＿工作单位：＿＿＿＿＿职务/职称：＿＿＿＿＿
联系方式：固定电话＿＿＿＿移动电话＿＿＿＿＿电子邮件＿＿＿＿＿

发生生境类型	发生面积（公顷）	危害对象	危害方式	危害程度	防治面积（公顷）	防治成本（元）	经济损失（元）
...							
合计							

[a] 表格编号以监测点编号+监测年份后两位+年内调查的次序号（第n次调查）+5组成。

六、样本采集与寄送

在调查中如发现疑似紫茎泽兰，采集疑似植株，并尽量挖出其所有根部组织，用70%酒精浸泡或晒干，标明采集时间、采集地点及采集人。将每点采集的紫茎泽兰集中于一个标本瓶中或标本夹中，送外来物种管理部门指定的专家进行鉴定。

七、调查人员的要求

要求调查人员为经过培训的农业技术人员，掌握紫茎泽兰的形态学特征、生物学特性、危害症状以及紫茎泽兰的调查监测方法和手段等。

八、结果处理

调查监测中，一旦发现紫茎泽兰或疑似紫茎泽兰植物，需严格实行报告制度，必须于24小时内逐级上报，定期逐级向上级政府和有关部门报告有关调查监测情况。

第六章
紫茎泽兰综合防控技术

坚持"预防为主，综合防治"的植保方针，建立完善的紫茎泽兰防治体系。采取群防群治与统防统治相结合的绿色防控措施，根据紫茎泽兰发生的危害程度及生境类型，按照分区施策、分类治理的策略，综合利用检疫、农业、物理、化学和生态措施控制紫茎泽兰的发生危害。

第一节 检疫监测技术

加强检疫是控制紫茎泽兰跨区传播扩散的重要手段，应当结合区域经济发展状况，切实加强口岸检疫、产地检疫和调运检疫。加强对从紫茎泽兰疫区种苗、种子、种畜调运及农产品和畜产品与农机具检疫，不让紫茎泽兰的种子和根茎传入无紫茎泽兰地区，尤其在引种及种子、种苗调运时，严格检疫，杜绝紫茎泽兰种子和根茎的传入。具体的检疫、鉴定和处理方法详见第四章有关内容。同时，发挥检疫机构在普及和宣传外来入侵生物知识方面的重要作用，提高公众防范紫茎泽兰的意识，引导公众自觉加入到紫茎泽兰防控工作中来。

实施监测预警是提前掌握紫茎泽兰入侵动态的关键措施，有利于及时将紫茎泽兰消灭于萌芽状态。建立合理的野外监测点和调查取样方法，对目标区域的紫茎泽兰发生情况进行汇总分析。同时，进行疫情监测，重点调查铁路、车站、公路沿线、河流溪流两岸、农田、草场、果园、林地等场所，根据该植物的形态特征进行鉴别。一经发现，应严格执行逐级上报制度，并立即采取相应的应急控制措施，以防止其进一步扩散蔓延。具体调查与监测技术详见第五章相关内容。此外，还应根据紫茎泽兰的生物学与生态学特性等因素，开展风险评估和适生物分析，形成完善的监测预警技术体系，从而为紫茎泽兰发生危害和传播扩散趋势的判定提供科学依据。

第二节 农业防治技术

农业防治是利用农田耕作、栽培技术和田间管理措施等控制和减少农田土壤中紫茎泽兰的种子库基数，抑制紫茎泽兰种子萌发和幼苗生长，减轻危害，降低对农作物产量和质量损失的防治策略。农业防治是紫茎泽兰防除中重要的一环。其优点是对作物和环境安全，不会造成任何污染，成本低、易掌握、可操作性强。

农业防治方法包括深耕翻土除草、栽培管理措施、中耕除草、清除田园等。

1. 深耕翻土除草 紫茎泽兰种子萌发率受存放时间和土层深度的影响，刚成熟的种子萌发率不高，在室温28℃下，3个月后达最高；而后随着时间的推延萌发率下降，36个月之后，种子几乎不萌发。种子在0.2～2厘米深度的土壤中发芽率最高，达到（81.22±5.91）％；2～4厘米深度，萌发率下降至（17.0±3.83）％；4厘米深度下，则没有种子萌发。种子库调查表明，未经翻耕种子主要存在于土壤表层0～2厘米深度，而翻耕后种子深度大于4厘米。翻耕处理后，紫茎泽兰种子深埋于4厘米土层下是导致紫茎泽兰出苗率下降的直接原因。另外，未萌发的种子随着在土层下存放时间的延长，进一步降低了萌发率。

翻耕替代种植技术能够对恶性农林杂草紫茎泽兰进行综合防控（欧阳灿彬等, 2013）。针对农田和荒地生境，每年3月在紫茎泽兰盛花期将紫茎泽兰割除后，经过翻耕整地去除紫茎泽兰后，种植替代农作物可抑制紫茎泽兰的出苗。

2. 栽培管理措施 通过栽培方式、增肥、灌溉等栽培管理措施，增加农作物和植被的水肥条件，提高作物或草场的植被覆盖度和竞争力，可有效抑制紫茎泽兰的生长和危害。同时，增肥等栽培管理措施在一定程度下可以抑制紫茎泽兰的生长发育。在农区，增加废弃耕地的使用，并及时翻耕，可有效降低紫茎泽兰的出苗数和株高（朱建义，2014）。

紫茎泽兰在不同密度比例和肥力下受到不同程度的抑制：在中密度和低肥力组合下，高密度比例的紫茎泽兰株高比中密度比例高48.1%，而中密度比例比低密度比例高40.7%。在中密度和中密度比例组合下，高肥力下的紫茎泽兰株高比中肥力下的高5.1%，而中肥力下的比低肥力下的高34.0%；在高肥力和中密度组合条件下，高密度比例下的紫茎泽兰生物量比中密度比例下的多21.3%，而中密度比例的比低密度比例的多471.2%。在高密度与低密度比例组合的条件下，高肥力下的紫茎泽兰生物量比中肥力下的多18.1%，而中肥力的比低肥力的多123.8%。在竞争前期，营养有效性对分枝数没有显著性影响。但在竞争后期，随密度增加而显著减少；随着肥力的减少，基本上呈递减现象。肥力胁迫可以改变黑麦草与紫茎泽兰的竞争效应：营养有效性对黑麦草和紫茎泽兰的相对产量值以及黑麦草对紫茎泽兰的攻击力系数都有显著性影响（周泽建等，2007）。

3. 中耕除草　中耕除草技术简单、针对性强，除草干净彻底，又可促进作物生长。选择在紫茎泽兰出苗高峰期进行中耕除草，可有效地抑制其扩散蔓延。紫茎泽兰种子自进入雨季后从5月下旬开始萌发出苗，6月为出苗高峰，6～7月的出苗数占全年总出苗数量的85%。

4. 清除田园　在农田周边、果园周边、路旁、荒地等紫茎泽兰容易生长的地方，在开花结实前，要适时对紫茎泽兰连根铲除。将植株晒干后，集中焚烧或作为燃料、饲料原料。

第三节　物理防治技术

紫茎泽兰的物理防治是指人工或机械割除或铲除紫茎泽兰植株，是目前防治紫茎泽兰最有效的手段之一（图6-1）。

图6-1　人工清除紫茎泽兰（付卫东摄）

1. 物理防治的最佳时期　对于点状发生、面积小、密度小的生境，采用人工直接拔除，最佳时间为紫茎泽兰结实前和生长弱势的11月至翌年2月干旱季节为最佳清除时段；对于呈片状、呈带状、面积大、密度大的生境地（如荒地开垦、轮歇地耕作及人工牧场建设），可在紫茎泽兰花期前进行机械防除，此时最为安全有效。对减少紫茎泽兰种子数量、有效控制紫茎泽兰种群数量具有很好的防治效果。

2.物理防治措施　根据不同生境、紫茎泽兰不同的密度采取不同的措施。

对于一些水土流失、石漠化等倾向大面积发生的山地、林区等生境，只需要将距地5厘米以上部分进行机械割除。

在较为松软土壤和沙质土壤上的紫茎泽兰直接拔出；在黏性大且拔出时易断根土壤上的紫茎泽兰，采用锄头等工具挖出。

对于成片发生的紫茎泽兰可人工剪花枝，减少紫茎泽兰的种子量，控制蔓延。

对于机械割除、人工拔除及剪掉的植株和花枝主要处理方法：一是利用阳光晒干后集中烧毁或作为燃料、饲料原料，公路沿线的可以在公路边上晒，石漠化地区可以在岩石上晒，有灌木的地方可以挂在树杈上晒；二是放入蓄肥池中腐烂发酵。

对于紫茎泽兰未入侵地区，若离疫区较近，应建设绿色隔离带，阻止紫茎泽兰的传播蔓延。紫茎泽兰果实为瘦果，系絮状冠毛，易随气流和水流传播，每年以30公里左右的速度进行传播。种子和根茎均有较强的繁殖能力，易形成密丛状单优群落。因此，尚未有紫茎泽兰侵入的地区，应建立与主传方向相垂直的绿色隔离带。隔离带应选择在重要河流的峡谷地带、交通要道两旁等紫茎泽兰主要传播途径处。设计人工隔离带时，每处长度不应少于20千米，宽度不少于2千米。在传播前，沿地带首先安排植树造林，然后根据当地自然条件建立果园、经济林、草场等，形成绿色隔离带，封锁紫茎泽兰的入侵和蔓延。对越过绿色隔离带的零星紫茎泽兰，组织人工在未开花前及时采取综合措施进行清除，杜绝紫茎泽兰向前传播的种源。

第四节　化学防治技术

化学防治方法就是利用化学药剂本身的特性，达到杀死紫茎泽兰目的的防除方法。

一、除草剂的筛选

紫茎泽兰的化学防治方法是指用除草剂的方法来进行防治。澳大利亚于秋季紫茎泽兰生长旺盛的时候，使用0.6%～0.8%的2,4-滴胺盐和0.3%～0.6%的2,4-D与2,4,5-T混合酯液喷杀；春季紫茎泽兰开花季节，改用5%的氯酸钠溶液进行杀灭，均取得较好的效果。国内也有用10%的草甘膦水剂或2,4-D加敌草隆兑水进行叶面喷雾的报道。目前，防控紫茎泽兰的主要除草剂有0.6%～0.8%的2,4-D溶液、0.3%～0.6%的2,4-滴丁酯和2,4,5-三氯苯氧基醋酸、5.0%氯酸钠溶液等（李永平，2005）。草甘膦和2,4-滴丁酯2种除草剂合理混用对紫茎泽兰表现出明显的增效作用，最佳配方为草甘膦为1水平（用量：975克/公顷）与2,4-滴丁酯为0水平（用量：900克/公顷）。草甘膦与2,4-滴丁酯的配比为1.08：1，混用后的施用量为1 875克/公顷（张付斗，2005）。应用自制的长、宽、高为3厘米×5厘米×3厘米海绵块在紫茎泽兰顶端涂抹70%甲嘧磺隆1 500毫克/千克或24%胺氯吡啶酸4 200毫克/千克，紫茎泽兰顶端的死亡率均达90%以上（曹坳程等，2008）。在山地、荒地生境，74.7%草甘膦铵盐和200克/升氯氟吡氧乙酸异辛酯有效成分剂量为2 241克/公顷、240克/公顷时，药后35天对林地紫茎泽兰的株防效分别为94.1%和85.1%（陈才俊，2010）。采用苯嘧磺草胺157.5克/公顷、甲嘧磺隆315～630克/公顷即能有效地抑制紫茎泽兰的开花结实，又能很好地控制紫茎泽兰的发生密度（朱文达等，2013）。

二、不同生境类型入侵区的控制措施

对不同生境类型中紫茎泽兰开展化学防治时，应提前详细了解该生境中的敏感植物和作物情况，合理确定除草剂的种类、用量、防治时期或施药方式等。针对有机农产品和绿色食品产地实施紫茎泽兰防治，应遵循有机农产品和绿色食品生产的相关标准，不得使用除草剂的应采用物理防治的方法进行控制。

不同生境类型区的化学控制措施见表6-1。

表6-1 不同生境紫茎泽兰的化学防治药剂选择及施用方法

生境	药剂	用量有效成分（克/公顷）	加水（升/公顷）	处理时间	喷施方式
农田	草甘膦	1 125	450	苗前	均匀喷雾
	草甘膦铵盐	240	450	营养生长期	茎叶喷雾
	噻吩磺隆	35	450	营养生长期	茎叶喷雾
	氨氯吡啶酸	1 620	450	营养生长	茎叶喷雾
果园	草甘膦	1 125	600～900	营养生长期	茎叶喷雾
	草甘膦铵盐	2 250	600～900	营养生长期	茎叶喷雾
	草甘膦+2, 4-滴丁酯	975+900	600～900	营养生长期	茎叶喷雾
	氨氯吡啶酸	1 620	600～900	营养生长期	茎叶喷雾
林地、山地	草甘膦	1 875	600～900	营养生长期	茎叶喷雾
	氨氯吡啶酸	1 620	600～900	营养生长期花期	茎叶喷雾
	氯氟吡氧乙酸异辛酯	2 241	600～900	营养生长期	茎叶喷雾
	2, 4-滴丁酯	3 000	600～900	营养生长期	茎叶喷雾

（续）

生境	药剂	用量有效成分（克／公顷）	加水（升／公顷）	处理时间	喷施方式
林地、山地	草甘膦+2,4-滴丁酯	975+900	600～900	营养生长期	茎叶喷雾
	草甘膦铵盐	2 241	600～900	营养生长期	均匀喷雾
	甲嘧磺隆	630	600～900	营养生长期	茎叶喷雾
	苯嘧磺草胺	157.5	600～900	营养生长期	茎叶喷雾
	70%甲嘧磺隆	1 500毫克/千克		营养生长期	涂抹顶端
	24%氨氯吡啶酸	4 200毫克/千克		营养生长期	涂抹顶端
沟渠	草甘膦异丙胺	2 460	600～900	营养生长期	茎叶喷雾
	草甘膦铵盐	2 250	600～900	营养生长期	茎叶喷雾
	草甘膦+2,4-滴丁酯	975+900	600～900	营养生长期	茎叶喷雾
	70%甲嘧磺隆	1 500毫克/千克		营养生长期	涂抹顶端
	24%氨氯吡啶酸	4 200毫克/千克		营养生长期	涂抹顶端
荒地	氨氯吡啶酸	1 620	600～900	营养生长期	均匀喷雾
	草甘膦	1 875	600～900	营养生长期	茎叶喷雾
	草甘膦+2,4-滴丁酯	9 75+900	600～900	营养生长期	均匀喷雾
	草甘膦铵盐	2 241	600～900	营养生长期	均匀喷雾
	甲嘧磺隆	630	600～900	营养生长期	均匀喷雾

　　毒莠定（氨氯吡啶酸）与甲嘧磺隆防治紫茎泽兰后的效果见图6-2。

图6-2 毒莠定（氨氯吡啶酸）（左）与甲嘧磺隆防治紫茎泽兰后的效果（付卫东摄）

三、注意事项

1.选择好对紫茎泽兰的最佳防控时期。

2.对紫茎泽兰进行防治时，应选择晴朗天气进行。如果施药后6小时下雨，应补喷一次。

3.草甘膦为灭生性除草剂，注意不要喷施到农作物上，以免造成药害。

4.在对沟渠边或水源地边的紫茎泽兰进行化学防除时，应防止污染水源，避免影响水质。

5.在农田出苗前，土壤处理除草剂应适当减量，防止出现药害。

6.在施药区应插上明显的警示牌，避免造成人、畜中毒或其他意外。

7.田间应用时，应避免一个生长剂连续多次使用同种药剂，建议不同种除草剂轮换使用，保持紫茎泽兰对除草剂的敏感性，延缓抗药性的产生和发展。

第五节 生物防治技术

一、替代控制

替代控制是利用植物种间的竞争规律，用一种或多种植物的生长优势抑制入侵杂草的繁衍，以达到防治或减轻危害的目的。

植物对紫茎泽兰进行替代控制的机制：①郁闭作用。只要替代植物郁闭度达到0.7或草本植物盖度85%以上时，紫茎泽兰将得到有效控制（马正清，2007）。②植物化感作用。青蒿和龙须草的化感抑制作用有利于其在紫茎泽兰入侵群落中伴生生存。同时，对紫茎泽兰幼苗种群的建立及其入侵扩散也产生了一定阻碍作用（刘淑超等，2010）。桉树5种重要化学成分即1,8-桉叶油素、α-蒎烯、α-松油醇、柠檬烯和龙脑，对紫茎泽

兰的种子萌发及幼苗生长均具有一定的抑制作用（夏虹
等，2013）。③竞争作用。利用牧草的竞争优势防控紫
茎泽兰已有不少研究，但利用木本植物或半木本植物的
竞争优势防控紫茎泽兰的研究较少（卢向阳等，2009）。
利用白刺花替代控制紫茎泽兰见图6-3。

图6-3　利用白刺花替代控制紫茎泽兰（付卫东摄）

　　选择大豆、甘薯、油菜、葛藤、紫花苜蓿、百喜草、紫穗槐、狼尾草、皇竹草、宽叶雀稗、三叶草、花椒、构树等本地植物替代控制农田、果园、林地、草场、荒地、山地等生态系统中的紫茎泽兰。这些本地植物萌发早，生长迅速，能在短期内形成较高的郁闭度，与紫茎泽兰争夺光照与养分，抑制紫茎泽兰的生长，多年控制效果更为显著。具体替代植物种植方法、适用生境类型见表6-2。利用皇竹草替代控制紫茎泽兰效果见图6-4。

表6-2　替代植物的种植方法

替代植物	拉丁名	种植方法	适用生境
大豆	*Glycine max*	清除紫茎泽兰，旋耕，整地，施肥，点播，株行距50厘米×25厘米	农田、果园、荒地
甘薯	*Dioscorea esculenta*	清除紫茎泽兰，翻耕，整地，起垄，分株种植，行株距（40～60）厘米×（30～40）厘米	农田、果园、荒地
油菜	*Brassica campestris*	清除紫茎泽兰，翻耕，整地。幼苗移栽行株距50厘米×20厘米；撒播播种量3～4.5千克/公顷	农田、果园、荒地
葛藤	*Argyreia seguinii*	铲除紫茎泽兰，深翻35厘米以上，整地，起垄施肥，垄高60～70厘米，垄间距1～1.1米，幼苗移栽，苗间距1米	农田、山地、荒地

(续)

替代植物	拉丁名	种植方法	适用生境
百喜草	*Paspalum rtotatltm*	清除紫茎泽兰，翻地，整地，撒播，播种量150～225千克/公顷，播种后覆土1～2厘米	草场、路边、山地、荒地
狼尾草	*Pennisetum alopecuroides*	清除紫茎泽兰，翻地、整地，条播，行距50厘米，播量15.0千克/公顷，播后覆土深度1.5厘米左右	草场、果园、路边、山地
黑麦草	*Lolium perenne*	清除紫茎泽兰，翻耕，整地，条播，行距20～30厘米，播种量按每亩18～22千克/公顷，覆土1厘米左右	草场、果园、路边、山地
皇竹草	*Pennisetum sinese*	清除紫茎泽兰，整地，以行距50～60厘米开沟，种茎切成具有1～2个节的小段斜放在种植沟内，盖土2～3厘米，株距30～40厘米，每穴放种茎1～2段	林地、山地、沟渠、荒地
地毯草	*Axonopus compressus*	清除紫茎泽兰，翻耕，整地，撒播和条播均可，条播行距50厘米，播深为1～3厘米，播种量6～8千克/公顷，播种后覆土1～2厘米	草场、荒地、林地、沟渠
臂形草	*Brachiaria eruciformis*	清除紫茎泽兰，翻耕，整地，撒播，播种量30～45千克/公顷，播种后覆土1～2厘米	草场、荒地、沟渠
三叶草	*Oxalis*	铲除紫茎泽兰，翻耕，整地，撒播，播种量6～10千克/公顷，播种后覆土1～2厘米	草场、居民区、绿化带、果园
毛叶丁香	*Syringa tomentella*	清除紫茎泽兰，翻耕，整地，幼苗移栽，丛植	居民区、绿化地

（续）

替代植物	拉丁名	种植方法	适用生境
菊芋	*Helianthus tuberosus*	清除紫茎泽兰，翻耕，起垄，块茎穴播于垄上，行株距为（40~60）×（10~20）厘米，播深10~15厘米，播种量为450~750千克/公顷，覆土1~2厘米	荒地、沟渠、路边
紫花苜蓿	*Medicago sativa*	翻耕，行距为30~35厘米，条播，播深为1~3厘米，播种量22.5~30千克/公顷，播种后覆土1~2厘米	草场、农田、林地、果园
宽叶雀稗	*P.wetsfeteini*	翻耕，穴播，穴距30厘米，播种量22.5千克/公顷。穴深1~2厘米	山地、荒地、草场
花椒	*Zanthoxylum bungeanum*	清除紫茎泽兰，幼苗移栽，穴坑30厘米×30厘米×30厘米，株行距（3~4）米×（3~4）米	田埂、山地、荒地
桑树	*Morus alba*	清除紫茎泽兰，幼苗移栽，穴坑30厘米×30厘米×30厘米，行株距1.3米×（0.4~0.5）米	田埂、山地、荒地
板栗	*Castanea mollissima*	清除紫茎泽兰，幼苗移栽，穴坑40厘米×40厘米×30厘米，行株距3.0米×3.0米	林地、山地、荒地
青冈	*Quercus glauca*	清除紫茎泽兰，幼苗移栽，穴坑50厘米×50厘米×40厘米，行株距（1.2~1.5）米×（1.2~1.5）米	林地、山地、荒地
紫穗槐	*Amorpha fruticosa*	清除紫茎泽兰，幼苗移栽，行株距50厘米×50厘米	林地、山地、荒地

（续）

替代植物	拉丁名	种植方法	适用生境
构树	*Broussonetia papyrifera*	清除紫茎泽兰，幼苗移栽，行株距2.0米×1.5米	林地、山地、荒地
滇石栎	*Lithocarpus dealbatus*	清除紫茎泽兰，幼苗移栽，行株距3.0米×3.0米	林地、山地、荒地

图6-4　利用皇竹草替代控制紫茎泽兰效果（付卫东摄）

二、昆虫防治

1. 泽兰实蝇　泽兰实蝇（*Procecidochres utilis Stone*）是紫茎泽兰的专食性天敌。云南紫茎泽兰疫区于1984年从西藏引进，进行室内繁殖，1987年于宜良定点野外自繁虫种（张智英，1988）。

（1）泽兰实蝇生活史。泽兰实蝇在昆明可完成4～5代，在黔西南州内大部分地区年发生5代，温凉地区为4代，在低热地区可完成不完整的6代。泽兰实蝇发生世代重叠严重，即使在最冷月若气温达10℃以上均能见到成虫羽化（张智英，1988；陈升碧，1994）。

（2）泽兰实蝇形态特征及习性。成虫为小型蝇类，属双翅目实蝇科。成虫体长3.5～4毫米，翅展8～9毫米；雌成虫尾部钝尖，雄成虫尾部较圆，雌成虫体大于雄成虫，虫体黑色；头部较大，复眼显著，呈亮蓝绿色；胸部背面较隆起，着生的白色短毛形成近似"文"字条斑，前翅上有从前缘向后缘走向的3条宽大的烟褐色条纹，形似于"小"字形花斑；腹部黑色，每节生有白色短毛。

卵长椭圆形，一端稍尖，另端较钝圆，中部略弯曲，乳白色，长约0.5毫米。

幼虫蛆形，乳白色，体长3～4毫米，体宽

1.2～1.5毫米，头部细小，尾部较粗大。

蛹圆筒形，属"围蛹"，长3.5～4毫米，宽约2毫米，蛹体青黑色。

泽兰实蝇成虫一般羽化时间在10：00～16：00，羽化后近40分钟静停在羽化时的紫茎泽兰植株附近，待翅舒展干后即飞翔，有弱的趋光性。羽化后1天左右交尾，交尾多在10：00～13：00前后及17：00左右，交尾一般10～15分钟。雄成虫存活一般比雌成虫短，雄虫为5.5天，最短3天，最长10天；雌成虫为6～10天，最短5天，最长15天。雌雄比为（1：0.6）～（1：1）。成虫有短距离飞翔能力，远距离扩散靠风力传播，造成小范围内对紫茎泽兰的集中寄生和较远距离的突发寄生。

成虫产卵于紫茎泽兰主侧枝顶端的对夹幼叶之间，卵历期3～5天。初孵幼虫刺破嫩茎蛀入茎内取食，历经25天左右，被害茎枝组织受到刺激逐渐增生形成膨大的虫瘿，一般长2～3厘米、宽1.2厘米左右，大的虫瘿长4厘米、宽1.5厘米。有极少数幼虫可钻入叶柄或叶片中脉蛀食形成微小虫瘿。在茎枝上的虫瘿内，一般有幼虫1～3头，大虫瘿有5～8头，甚至达10头的。幼虫在瘿内蛀食形成多个通口向外的隧道，仅留一个至数个直径1毫米多的半透明表皮膜，暂与外界隔绝。幼虫历期22～30天（陈升碧，1994）。

（3）泽兰实蝇释放方法。将培育、繁殖的泽兰实蝇在每年的7～10月释放到紫茎泽兰分布地区，释放时将泽兰实蝇装入试管内，雌雄各半，运往释放地，选择适宜的天气条件释放。释放后的当年秋末，对放虫点附近进行调查，如发现紫茎泽兰植株上有新的虫瘤出现，即为移植成功（唐川江等，2003）。

泽兰实蝇防治紫茎泽兰，最佳释放虫量指标为每虫占有10条枝条（陈旭东，1990）。

（4）防治效果。泽兰实蝇防治紫茎泽兰的原理为泽兰实蝇生活史中的幼虫阶段主要是在紫茎泽兰植株的生长锥上完成，从而导致虫瘿产生，缩小光合面积控制开花结籽，甚至使紫茎泽兰死亡。紫茎泽兰被泽兰实蝇寄生后，植株高度、叶面积、单株生物量、根系密度均减小，冠根比增大约17%，植株易于倒伏，开花数、结种量及种子发芽能力也有不同程度降低。被寄生的紫茎泽兰幼苗死亡率达53%，节间长度缩短，成株的有性繁殖能力降低了60%～80%，大大减轻了紫茎泽兰的危害（马正清，2007）。被泽兰实蝇寄生后的紫茎泽兰见图6-5。

图6-5 被泽兰实蝇寄生后的紫茎泽兰 (付卫东摄)

2. 昆明旌蚧　许瑾等（2011）在云南省盈江县发现了一种昆虫——昆明旌蚧（*Orthezia quudrua*），可以感染紫茎泽兰，并使其生活力下降直至死亡。该虫主要聚集于茎结处危害，吸食植株的汁液。这种昆虫的发现，表明在紫茎泽兰和飞机草的生境拓展过程中，本地昆虫已经与之建立起相应的生态关系。

3. 行军蚁　研究人员通过调查发现，行军蚁能取食紫茎泽兰的根和茎，损坏紫茎泽兰表皮、皮层、韧皮部、根部形成层、木质部组织和根颈，从而中断根和芽之间的养分交换导致植物死亡。行军蚁具有一定的选择性，它喜欢腥臭味和芳香气味的食物，而紫茎泽兰强烈的、独特的气味是吸引行军蚁的化学信号（Niu Y F et al.，2010；李霞霞等，2017）。

具体操作方法为在紫茎泽兰生长的地方，每10平方米放置0.5 ~ 1.5千克的食物残渣，放置在离紫茎泽兰20厘米的范围内，吸引行军蚁对紫茎泽兰进行啃食，35 ~ 45天后紫茎泽兰生长停滞或死亡（牛燕芬等，2014）。

三、真菌防治

利用真菌防除紫茎泽兰是紫茎泽兰生物防除的重要组成部分。目前，用于防除紫茎泽兰的自然致病真菌，国际上研究和应用最多的是使紫茎泽兰产生叶斑

病的链格孢菌 [*Alternaria alternate* (Fr.) Keissler]、飞机草绒孢菌（*Myeovellosiella eupatori-odorati* Yen），可以引起紫茎泽兰叶斑病，造成叶子被侵染，失绿，生长受阻。

1. 链格孢菌　强胜（1998）利用从紫茎泽兰叶斑病上分离筛选出的链格孢菌菌株的菌丝体发展为真菌除草剂，以防除紫茎泽兰，取得良好的效果。

（1）链格孢菌致病特征。在紫茎泽兰叶的表面上产生的分生孢子，其链较短，含分生孢子较少。由链格孢菌引起的紫茎泽兰叶片上病斑的颜色为深棕色，周缘不规则，直径 1～5毫米，有时在病斑的周缘具狭暗深棕色的边缘。通常在中部以下的叶片较多。在老叶上的病斑，有时扩展成片状或块状，直至叶的大部分或整片叶，最终导致整片叶枯死（李丽萍等，2008）。

（2）链格孢菌的致病机理。链格孢菌菌株能产生对紫茎泽兰有致病作用的毒素（强胜等，1999）。细胞膜是毒素的最初作用位点，链格孢菌产生的致病毒素能引起紫茎泽兰离体叶片细胞膜透性上升，K^+、Na^+渗漏量增加，叶组织的膜脂过氧化加剧，MDA含量上升，造成膜功能的紊乱，并且使紫茎泽兰离体叶片的POD、APX、CAT的活性下降，可能使活性氧清除系统中酶系统遭到破坏，活性氧过量积累，细胞因此受到伤害，最终使紫茎泽兰叶片表现出受害症状（万佐玺，2001）。另外，链格孢菌毒素可对紫茎泽兰叶片光合作用产生较大的影响，在毒素处理叶片上光合放氧速率和表现量子效率均明显降低，紫茎泽兰叶片光系统Ⅱ的电子传递受到明显抑制（戴新宾等，2004；Chen et al.，2005）。

（3）对紫茎泽兰的防治效果。分生孢子和菌丝侵染时，可在气孔和表皮细胞联结处形成侵染结构，但分生孢子产生的菌丝多只经气孔侵入，而菌丝体片段形成的菌丝，不仅经气孔处侵入，还多为直接穿透表皮细胞进入组织。分生孢子侵染过程需4天左右的时间，而菌丝体则仅需14小时，在16小时出现严重的病害症状。每毫升含3.5×10^6菌丝片段的悬浮液可在1～2周内完全杀死紫茎泽兰幼苗（强胜，1998）。

2. 飞机草菌绒孢菌　1984年5月，郭光远等在云南省双柏县首次发现了紫茎泽兰真菌病原菌——飞机草菌绒孢菌。该菌引起的紫茎泽兰叶斑病是紫茎泽兰的主要病害，采病叶进行多次分离结果表明，紫茎泽兰叶斑病的病原菌是飞机草菌绒孢菌。1965年该菌在马来西亚首次发现并描述，定名为飞机草尾孢菌，1968年改为飞机草菌绒孢菌（郭光远，1991a）。

紫茎泽兰叶斑病只危害紫茎泽兰叶片，不侵染其他部位。感病初期在叶片上产生针尖大小的褪色小斑点，以后斑点逐渐扩大成回形、多角形或不规则形状的病斑，直径1～6毫米，叶斑灰褐色至赭（红）褐色、外围一深褐色细线圈，背面暗褐色。叶片上几个至上百个病斑不等，有的叶片病斑联结成片，整个叶片呈浅褐色枯死状。病害发生严重的地方可见成片植株感病，发病率达91.6%，部分植株除顶部2对嫩叶还呈现绿色外，中、下部叶片全部感病枯死（郭光远，1991b）。

（1）致病力。飞机草菌绒孢菌对紫茎泽兰有较强的致病力，由其引起的叶斑病是紫茎泽兰的重要病害。接菌后25天，试验苗开始发病，除顶部2对叶片以外，其他的叶片全部产生病斑。病斑浅黄褐色，呈角形、不规则形状，每片叶上几个至几十个病斑不等，最多的每叶有103个病斑。接种35天后观察，大部分叶片枯死，实验苗感病率100%，病情指数41.7～52.17。野外小区接种试验，喷菌前调查紫茎泽兰植株叶片上几乎没有病斑，连续2次喷菌，2个月以后调查，试验地区域内整片紫茎泽兰均不同程度地感病，喷菌植株的感病率100%，感染指数63.41，附近未直接喷菌的紫茎泽兰也普遍受到感染，感染指数为45.30。距试验地200多米的紫茎泽兰植株上却很少发现病斑，感病率仅17.09%。通过野外小区接种试验初步看出，在云南选择6～7月紫茎泽兰生长旺盛的雨季喷菌，可以提高感病率，在空气流通、阳光充足、紫茎泽兰成丛密集生长的地方施用菌剂，更有利于病原菌的扩散、流行，造成该病原菌在自然界中的循环感染（郭光远，1991a）。

云南省昆明地区由紫茎泽兰菌绒孢菌引起的紫茎泽兰叶斑病发生普遍，具有生防作用。定点调查结果表明，叶斑病发病盛期在7～9月，发病高峰期在9月中旬，12月中旬至翌年2月中旬为发病停滞期。病菌自新生叶侵入，自倒数第三层叶始显症状，下部叶片的病情较上部叶片严重，病菌潜育期为33～39天，植株的病叶率达40%～70%。生长瘦弱、光照少、湿度大的林荫下的植株病情较生长健壮、光照充足、土壤肥沃的植株病情严重（陶永红，2007）。

（2）对紫茎泽兰生长的影响。通过对感染和未感染飞机草菌绒孢菌的紫茎泽兰的营养生长及生理参数进行了测定。结果表明，室内和野外感病组比对照组光合逆率分别降低39.6%、68.6%；叶绿素含量减少66.6%、67.8%；蒸腾速率下降62.7%、67.6%；叶中可溶性糖增加38.7%、67.6%；全氮降低52.9%、56%；全磷减少31.7%、62.5%；而水分含量变化甚微。感病组与对照组相比，株高、叶片数和花朵数均明显降低。

四、植物寄生

菟丝子寄生紫茎泽兰后对其株高有一定的影响，但对叶片影响不大，说明菟丝子能在一定程度上控制紫茎泽兰的生长。菟丝子寄生紫茎泽兰后对其生长有一定影响。这是因为菟丝子能够产生吸器吸收紫茎泽兰主茎上的营养成分，使主茎生长缓慢，甚至不能生长，其叶片也因为营养不良变黄枯死。因此，菟丝子在一定程度上可控制紫茎泽兰的进一步扩展和蔓延。据观测，菟丝子寄生紫茎泽兰后，紫茎泽兰虽然也能生长，但其生长缓慢，叶片褪绿变黄，主茎干枯。可能是因为大多数营养物质被菟丝子吸收，导致紫茎泽兰生长所必需的养分严重不足。因此，菟丝子寄生可望成为解决紫茎泽兰危害的一种途径（邱波等，2010）。

第六节 资源化利用

紫茎泽兰在我国发生量大、分布广泛，在重灾区实施防治，每年将需要巨额的费用，如果加以利用，将实现变废为宝。对紫茎泽兰的利用途径有：作为能源资源利用（制备沼气、活性炭，作为燃料）、脱毒后作饲料、利用紫茎泽兰对植物病原菌抑制特性研制生物农药、吸附重金属、开发新型建筑材料（中密度纤维板）、作蘑菇培养基等。

曹建华、郑伟（2013）发明了一种紫茎泽兰综合利用工艺。该工艺是通过粉筛、乙醇浸提、水浸提、发酵、炭化、浓缩等措施，将紫茎泽兰分别制备成有机肥、活性炭、生物农药、育苗基质、保鲜剂和可降解花盆。综合利用示意图见图6-6。

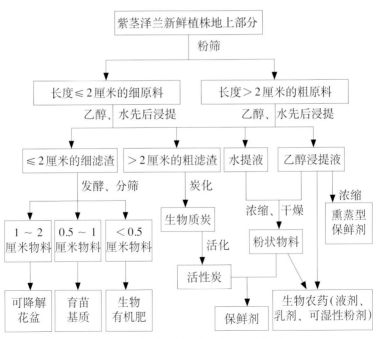

图6-6 紫茎泽兰综合利用示意图

一、能源资源利用

（一）沼气

应用发酵工程技术把紫茎泽兰的生物质和提取天然产物后的废渣，用来生产生物能源——沼气。

从20世纪80年代早期，云南省微生物研究所江蕴华等已开展了用紫茎泽兰生产沼气的研究，用微生物预处理紫茎泽兰原料，能保证各代产气中甲烷含量相对稳定，均在62.2%～63.7%，无中毒现象，产得标准状态下纯甲烷的量约为0.082立方米/千克，比水牛粪的产气潜力约高3倍（江蕴华，1986）。

张无敌、杨发根（1997）提出一种厌氧消化工艺预处理消除紫茎泽兰毒性，生产沼气。工艺：鲜紫茎泽兰→接种好氧菌预处理→按比例投入沼气池→正常发酵→沼气。配比：40%接种物＋6%预处理紫茎泽兰（按总固体计）＋水＝发酵容积。发酵滞留时间为80天，其原料产气率为每吨紫茎泽兰产沼气243立方米，甲烷含量53.3%。

利用紫茎泽兰发酵生产沼气，25～35℃是发酵的最佳温度，发酵产气量与产甲烷率随温度升高而上升（陈金发，2015）。李珍等（2016）采用批量发酵方式开展紫茎泽兰与牛粪混合干发酵产沼气的研究。结果表明，在（35±1）℃条件下对产气量影响因素依次为：发酵浓度＞接种物浓度＞草粪比；紫茎泽兰混合牛粪干发酵产沼气最优工艺：草粪比1：2，发酵浓度20％，接种物浓度30％；在此优化条件下，总固体产气率为123.05毫升/克，沼气中甲烷平均含量57.13％，总固体及挥发性固体最高去除率为61.65％和49.57％，紫茎泽兰最高降解率为21.41％。

在紫茎泽兰茎秆与马铃薯深加工废渣的比例为1：2、沼气底液为100毫升和温度为30℃的厌氧发酵条件下，混合发酵的产气速率和累积产气量出现最高峰。并利用产气后的沼渣做饲料毒性研究，以小鼠为试验对象，进行长达65天的观察，发现当沼渣含量在10％范围内时，试验组小鼠的生长发育情况与对照组相近（吴笛，2016）。

（二）活性炭

紫茎泽兰植物体结构疏松，组分与木屑相似，可替代木质和煤质作为制备活性炭产品原材料，是一种制备活性炭的良好驱体材料。紫茎泽兰活性炭对水中铅离子的最大吸附量为50.61毫克/克，吸附时间30分钟即可认为达到吸附平衡。在pH为5.5时，紫茎泽兰活性炭对铅的去除效果较好（李理，2013）。以下整理了近几年利用紫茎泽兰为原料制备活性炭的工艺条件：

夏洪应等（2008）以紫茎泽兰为原料、碳酸钾为活化剂，采用超声波浸渍、微波辐射法制备活性炭。工艺条件：超声波浸渍20分钟，120℃脱水2小时，微波功率700瓦、微波辐射时间12分钟、剂料比1.25 : 1。优化工艺条件下制备的活性炭碘吸附值为1 470.27毫克/克，亚甲基蓝吸附值为300毫升/克，得率为16.35%。活性炭的吸附指标超过了GB/T 13803.1—1999和GB/T 13803.2—1999一级品的标准。其中，碘吸附值是国家标准一级品的1.47倍，亚甲基蓝吸附值是国家标准一级品的2.73倍。并于2015年、2016年申请国家发明专利：利用紫茎泽兰制备微孔-中孔活性炭的方法（专利申请号：201610700902.5）、高比表面积活性炭制备方法（专利申请号：201510057547.X）。

吴春华等（2009）采用微波辐照氯化锌法制取活性炭，通过正交试验确定了最佳工艺条件：微波功率800瓦辐照时间12分钟，氯化锌质量分数50%。在最佳工艺条件下制备的活性炭的得率为33.8%，碘吸附值961毫克/克，亚甲基蓝脱色力180毫升/克，其性能达到国家木质净水用活性炭一级品的要求。

用常规磷酸法可制备出吸附性能优良的粉状活性炭，亚甲基蓝吸附值270毫克/克，碘吸附值1 056毫克/克，焦糖脱色率大于100%，灰分1.2%，得率40.2%，对发酵液的脱色效果很好，优于市售的脱色用粉状活性炭。制得的活性炭样品的孔径分布宽，微孔及中孔均很发达，BET比表面积1 767.9平方米/克，总孔容积为2.261立方厘米/克（孙康，2010）。

可通过物理活化制备紫茎泽兰活性炭，工艺条件：活化温度980℃，活化时间130分钟，CO_2流量400毫升/分钟，所制得活性炭碘吸附值和得率分别为1 002毫克/克、15.79%，BET比表面积、孔容和平均孔径分别为1 076平方米/克、0.63毫升/克、2.36纳米，燃气热值达11 542.32千焦/立方米（郑照强，2014）。

王超（2016）提出了微波-碳酸钾法制备紫茎泽兰活性炭的技术，最优工艺条件：超声波浸渍20分钟后120℃下脱水2小时，微波功率700瓦，微波辐射时间12分钟，碳酸钾与紫茎泽兰的比例为1.25 : 1。此工艺条件制备的紫茎泽兰活性炭对碘吸附值1 470.27毫克/克，亚甲基蓝吸附值300毫克/克，得率16.35%。

采用磷酸活化的方式在管式电阻炉中加热制备紫茎泽兰基活性炭的最佳工艺条件：活化温度400℃、保温时间60分钟，磷酸浓度50%，并测得相应的亚甲基蓝吸附值为210毫克/克、得率为59.70%。其中，亚甲基蓝吸附值为GB/T 13803.2—1999活性炭一级品的1.6倍。制备活性炭的BET比表面积、总孔体积、平均孔径分别为1 346平方米/克、0.83立方厘米/克、2.45纳米（李春阳，2016）。

（三）燃料

图6-7　紫茎泽兰晒干后可用作燃料
（付卫东摄）

紫茎泽兰生产量大，生长3年后茎秆就木质化。在缺少燃料的农村，可直接晒干后用作燃料（图6-7）；同时，也有利用紫茎泽兰制作蜂窝煤和生物燃气的报告。

尼泊尔加德满都的国际山地综合开发中心的科学家们研制出了将紫茎泽兰制成蜂窝煤的办法。

100千克的干紫茎泽兰能制成30千克的煤球。1个煤球可以烧1 ～ 1.5小时（全晓书，2006）。

紫茎泽兰经过粉碎，将粉碎后的粉料挤压加工成颗粒，使用气化、热解技术，将成型颗粒作为气化原料，经过热解、除尘、除焦、脱碳等先进工艺，可以将其转化为热值较高的生物燃气（邓晓华，2007）。

二、用作动物饲料

经测定，紫茎泽兰干物质的粗蛋白为19.74%、粗纤维17.25%、粗脂肪13.74%、粗灰分4.3%、无氮浸出

物45.24%，含16种氨基酸（表6-3），且8种必需氨基
酸含量都很高，从营养成分来看，是一种较为理想的饲
料原料（张无敌，1996）。但是，紫茎泽兰含有毒性物
质，因此无法将紫茎泽兰直接作为饲料使用。许多研究
采用微生物发酵法脱毒，用于取代部分饲料（图6-8）。

表6-3　紫茎泽兰饲料的氨基酸组成

（张无敌，1996）　　　　　　　　　　　单位：%

赖氨酸	0.56	蛋氨酸	0.15	酪氨酸	0.40	苯丙氨酸	0.77
缬氨酸	0.86	谷氨酸	1.80	亮氨酸	1.23	异亮氨酸	0.70
丝氨酸	0.56	精氨酸	0.68	脯氨酸	0.80	天冬氨酸	1.35
甘氨酸	0.82	丙氨酸	0.95	苏氨酸	0.67	组氨酸	0.25

图6-8　紫茎泽兰脱毒后可用作饲料（付卫东摄）

余晓华等（1995）根据紫茎泽兰中毒素的组成，筛选出了产黄青霉（*Penicllun chrysogenum*）与焦曲霉（*Aspergillus ustus*）混合菌种脱毒，单宁降解率大于70%，香豆素降解率大于65%，芳香油降解率大于90%，用小鼠进行毒理实验证明毒性已消除。脱毒后的紫茎泽兰适口性得到改善，家畜没出现不正常反应及中毒症状。利用复合菌种好氧发酵去除毒性以后，作为饲料添加剂配成合成饲料喂猪，猪没有表现出任何不良反应。也有研究采用相同的方法，将紫茎泽兰未木质化部分采用产黄青霉和焦曲霉处理，发酵后作为饲料，山羊的采食量提高、无不良反应且增重情况良好（周自玮等，2007）。除了直接采用微生物脱毒制备饲料外，有研究将紫茎泽兰沼气发酵后的残渣作为饲料饲喂豚鼠，豚鼠生长情况正常。研究者认为，紫茎泽兰沼气发酵残渣是无毒的牲畜饲料（张无敌等，1997）。

除了微生物脱毒外，研究人员还尝试了其他更为简单的处理方法。Sahoo A等（2011）将紫茎泽兰与桑叶进行适当的配比来喂养绵羊，紫茎泽兰最高可添加至40%。

宋章会（2013）发明了猪用紫茎泽兰饲料及其制备方法，公开了一种猪用紫茎泽兰饲料，按重量份数计算，包括紫茎泽兰脱毒草粉15～20份，预混料2～3份，玉米55～60份，豆粕12～15份，鱼粉2～3份以及骨粉1～2份。针对紫茎泽兰中含有的单宁、香豆素等营养阻碍因素的有害作用，进行了试验研究和精心筛选，采用微生物发酵脱毒技术，制备获得脱毒紫茎泽兰草粉，使其作为一种猪用饲料的组方。

三、作有机肥原料

紫茎泽兰的吸肥能力极强，体内含氮、磷、钾、钙、镁、铁、硫、硅、铜、锌、锰、硼、钼等多种营养元素。据测定，紫茎泽兰含全氮0.372%、全磷0.062%、全钾0.580%、钙0.478%、镁0.059%、铁0.017%、硫0.069%、硅0.279%、铜2.459毫克/千克、锌10.139毫克/千克、锰29.527毫克/千克、硼5.259毫克/千克、钼0.204毫克/千克（孙启铭，2002）。紫茎泽兰可用作绿肥、堆肥原料、沼气肥原料、地面覆盖物、垫圈物、除毒作牲畜饲料过腹还田等（李丽，2007）。许多研究证明，紫茎泽兰堆肥产品无植物毒性，用紫茎泽兰生产有机肥成本低、处理量大，有着广阔的应用前景。

曹建华、郑伟（2012）发明了一种利用紫茎泽兰制备生物有机肥的方法，尤其是提供了一种能杀死紫茎泽兰种子、消除有毒成分、以紫茎泽兰为主要原料的生物有机肥制备方法。步骤包括：①将紫茎泽兰秸秆粉碎成碎末；②将粉碎后的碎末与高温微生物菌种混合，加入清水，然后将配好的混合物料搅拌均匀；③将搅拌好的混合物料堆成长条状进行好氧发酵，促进混合物料的腐熟；每间隔一段时间翻堆一次，改善堆体内的通气状况；④维持混合物料堆体的温度处于58℃以上；⑤待混合物料堆体发酵至设定时间后，将混合物料干燥。控制了紫茎泽兰原料中的化感作用活性成分、杀死了原料中的紫茎泽兰种子，生产的肥料无毒性、肥效良好、生产成本低。

杨梅等（2014）发明了一种利用紫茎泽兰制备芒果专用叶面肥的方法。将紫色的紫茎泽兰地上植株茎秆粉碎，送入浸提池，先用水浸提，浸提后过滤得到水提液；滤渣再用乙醇浸提，浸提后过滤得到乙醇浸提液；将水提液和乙醇浸提液混合，向混合液中添加一定量乙烯利、微量元素、腐殖酸和磷酸二氢钾，即得芒果专用叶面肥。可以促进叶片叶绿素的合成，增强叶片的光合作用，促进芒果枝条的花芽分化，防治细菌性病害、真菌性病害和虫害，提高芒果花枝的雌花比例，增加中型果的数量，避免巨大果的出现，提高芒果的产量和品质。

紫茎泽兰有机肥兼具供肥改土作用，不仅能提高土壤微生物生物量、丰富土壤细菌种群，还可增加辣椒产量、改善果实品质（焦玉洁等，2017）。

另外，复合菌剂可促进紫茎泽兰纤维素、半纤维素、木质素的降解，进而促进紫茎泽兰的降解，提高堆肥效率（邓建梅、余传波，2017）。

以紫茎泽兰提取液为母液制作的多功能微量元素水溶肥料，已在四川、浙江、山东等省大面积推广使用紫茎泽兰多功能微量元素水溶肥料，形成市场销售120万元，使用面积约1万公顷，主要使用作物为蔬菜、水果。其中，蔬菜平均增产15%以上，水果平均增产10%以上。在四川米易和西昌的辣椒上使用增产30%以上，投入产出比在10以上，受到用户欢迎。

紫茎泽兰可用来制备生物有机肥见图6-9。

图6-9　紫茎泽兰可用来制备生物有机肥（周小刚摄）

四、生物农药

（一）杀虫剂

紫茎泽兰中含有杀虫活性物质，对昆虫及软体动物具有一定触杀作用。许多学者研究其杀虫作用，希望开发相关杀虫产品。紫茎泽兰提取物的杀虫活性既与所用植株的部位有关，也与提取溶剂有关。采用水蒸气蒸馏后盐析法得到的紫茎泽兰精油，对米象（*Sitophilus oryzae*）、玉米象（*Sitophilus zeamais*）、绿豆象（*Callosobruchus chinensis*）和蚕豆象（*Bruchus rufimanus*）等多种储粮害虫具有一定的熏杀效果（李云寿等，2000）。紫茎泽兰的水浸提液对菜蚜（*Lipaphis erysimi*）也有毒杀作用（Dey S et al.，2005）。刘燕萍等（2004）的研究结果显示，紫茎泽兰乙醇提取液对柑橘全爪螨和二斑叶螨有比较好的杀虫活性，并且发现紫茎泽兰乙醇提取物的氯仿萃取物得率最高，杀螨活性最强。紫茎泽兰乙醇提取物对疥螨（*Sarcoptes scabiei*）和痒螨（*Psoroptes cuniculi*）具有触杀活性（Nong X et al.，2012）。紫茎泽兰石油醚萃取物对牛身上的螨虫有很好的杀灭效果。其效果与杀螨药物氰戊菊酯相似（Nong X et al.，2014）。Liao等（2014）发现，9-羰基-10,11-去氢泽兰酮对家兔身上疥螨和痒螨有很好的临床疗效。紫茎泽兰中的灭蚜活性物质极性较低，主要存在于氯仿萃取物中（张其红等，2000）。王一丁等（2012）也发现，紫茎泽兰氯仿萃取物灭蚜活性最高，并从中分离出紫茎泽兰素A（化学名为3β，5-3-羟基-雄甾-16-内型[16,17-b]-1'-甲基吲哚），对棉蚜（*Aphis gossypii*）无翅成蚜的LC_{50}为362毫克/升，具有较好的灭蚜活性。紫茎泽兰丙酮提取物对甘蓝蚜（*Brevicoryne brassicae*）有很好的杀灭效果，且对蚜虫的天敌菜蚜茧蜂（*Diaeretiella rapae*）影响不大（Xu R et al.，2009）。

工作人员正在实验室提取紫茎泽兰活性物质见图6-10。

图6-10　工作人员正在实验室提取紫茎泽兰活性物质（曹坳程摄）

（二）杀菌剂

紫茎泽兰中所含有的 β-蒎烯、柠檬烯、百里香酚、对聚伞型花素、伞型花内酯、咖啡酸、阿魏酸、蒲公英甾醇等单萜类、倍半萜类、植物甾体类化合物具有抗菌、消炎、抗病毒活性（郑丽等，2005）。紫茎泽兰汁液石油醚萃取物对马铃薯晚疫病菌（*Phytophthora infestans*）的菌丝生长有较好的抑制效果（张培花等，2006）。将紫茎泽兰液与沼液混合对三七圆斑病、三七根腐病、除虫菊菌核病菌、除虫根腐病菌、葡萄炭疽病菌、百合镰刀菌具有明显的抑制效果，抑制率在50％以上（尹芳，2007；李丽等，2007）。田宇等（2007）对紫茎泽兰的挥发性成分进行了GC/MS联用分析及抑菌试验。试验结果显示，质量比为3 000毫克/千克的紫茎泽兰挥发油提取液对番茄灰霉菌抑制作用最强。紫茎泽兰乙醇提取物浓度为25.00 毫克/毫升时，对香蕉炭疽菌、柑橘炭疽菌、疫霉、橘青霉的抑菌率分别为58.09％、40.34％、45.63％、27.59％，EC_{50}值分别为16.79毫克/毫升、29.73毫克/毫升、26.86毫克/毫升、53.20毫克/毫升（杨锋波等，2011）。赵春富等（2012）应用生长速率法测定紫茎泽兰的4种有机溶剂提取液，对禾谷镰刀菌（*Fusarium gramincarum*）、大豆炭疽菌

（*Colletotrichum glycines* Hori）2种植物病原真菌有良好的抑制作用。刘晓漫等（2016）发明了一种紫茎泽兰提取物与异菌脲复配的杀菌剂，杀菌剂的活性成分为异菌脲和泽兰酮，复配的杀菌剂采用天然植物提取物泽兰酮与异菌脉复配，减少了传统农药异菌脉的使用量，同时增加了使用效果。复配杀菌剂是一种高效、低毒、降解速度快、使用方便的杀菌剂，能有效防治群结腐霉等植物真菌病。

（三）防蛀缓释剂

紫茎泽兰可用于制备防蛀缓释剂。以紫茎泽兰粉末为辅料，加入薰衣草精油、樟脑等成分，制备成防蛀缓释剂，具有很好的防蛀性能。但是，片剂中樟脑的含量较大，不能最大限度利用紫茎泽兰原料（刘强等，2011）。也有类似的研究，以紫茎泽兰粉末作为载体，添加薰衣草香精、右旋烯炔菊酯等防蛀成分，辅以适量吸附剂制备片剂，制备了芳香型防蛀缓释剂（王凤等，2013）。

（四）杀福寿螺药剂

研究发现，紫茎泽兰水提取物对福寿螺有一定毒杀效果（图6-11），但活性作用较弱；紫茎泽兰乙醇提取物对福寿螺有较好毒杀作用，浸杀福寿螺48小时、72小时，45%、65%和95%乙醇提取物致福寿螺死亡率100%；紫茎泽兰茎叶在田间对福寿螺有一定的毒杀效果，但活性作用较弱，远低于常规杀螺剂。

图6-11　科研人员利用试紫茎泽兰提取物灭杀福寿螺（周小刚摄）

五、吸附重金属

研究表明，紫茎泽兰有富集铬、镉、铅、锌等重金属能力，可以作为重金属污染地区的一种理想的修复植物。

汪文云等（2008）利用原子吸收法对贵州水银洞金矿紫茎泽兰及其基质中铬、铅、锌、镉、汞和砷含量进行了测定和分析。紫茎泽兰对矿区不同的重金属富集能力不同，对铬有较强的富集作用；对所测定的6种重金属元素的吸收转移能力有较大的差异，整个植株对铅、锌和铬具有很强的吸收转移能力。其茎、叶对不同的重金属元素的吸收转移能力也呈现出很大的差异，紫茎泽兰茎对铬、铅和镉具有很强的吸收转移能力，而叶对锌、铅和汞具有很强的吸收转移能力。除砷外，紫茎泽兰对铬、铅、锌、镉和汞都具有不同程度的耐受能力。紫茎泽兰根、茎、叶对铬的富集系数分别为3.286、9.532、8.191，转运系数为2.7，远大于1；对镉的富集系数分别为2.95、1.66、3.73，转运系数0.91，接近于1；对其他重金属元素也有不同程度的吸收（李冰、张朝晖，2008）。

有研究证明，在一定的浓度范围内，紫茎泽兰对锌具有较强的富集作用。锌在紫茎泽兰不同部位的含量不同，茎叶部锌含量大于根；随着生长环境中锌浓度的增加，紫茎泽兰各部位锌富集量随之增加，但富集系数及转移系数随之降低（侯洪波，2012）。同时，紫茎泽兰对煤渣污染土壤中重金属有一定的富集作用，特别是对镁、铬、镍、铅的富集系数均大于1，对铬的转运系数为1.333（侯洪波，2013）。

刘小文等研究了铅、镉及其复合污染对紫茎泽兰生长及吸收富集特征的影响。结果表明，低浓度的铅、镉对紫茎泽兰的生长有促进作用，高浓度则表现出一定的抑制作用，生物量、株高、根长均明显减少。紫茎泽兰体内铅、镉吸收量与污染土壤具有良好的相关性，随处理浓度增加明显增大，极端浓度铅、镉胁迫下紫茎泽兰各器官铅、镉积累量与对照相比显著增加，1 000毫克/千克处理时紫茎泽兰根、茎、叶的铅质量分数分别高达603.69毫克/千克、568.31毫克/千克、598.85毫克/千克；100毫克/千克镉处理时其根、茎、叶的铅、镉累积量依次为165.21毫克/千克、93.59毫克/千克、152.79毫克/千克。说明紫茎泽兰对铅、镉具有较好的吸收累积及转运能力，可作为重金属污染地区的一种理想的修复植物（刘小文，2014）。

六、制造人造板材

生长3年以上的紫茎泽兰木质化程度高，含粗纤维丰富。茎秆、根完全可用来制造非木质人造板和高压微粒板。云南省林业勘察设计院从1999年开始，对紫茎泽兰高压微粒板项目进行研制攻关。2000年生产出首批紫茎泽兰高压微粒板，并通过云南省产品质量监督检验所多次检验，质量达标合格。2001年，云南华坪电力股份有限公司投资建成规模为年产5 000立方米高压微粒板（即紫茎泽兰刨花板）生产线。2002年，紫茎泽兰高压微粒板生产线正式投产，产品达到了GB／T 4897—1992一等品标准（兆欢，2002；达平馥，2003；叶喜，2003）。2005年，昆明人造板机器厂紫茎泽兰刨花板生产线在华坪县投产，可以年产7 000立方米的紫茎泽兰刨花板（刘垠，2005）。

丁宣学等（1990）发明了以菊科泽兰属杂草紫茎泽兰和飞机草为原料制备杂草刨花板工艺，并在云南双柏县刨花板厂压制了刨花板。刨花板经过原料的选择、刨花的制备、分选、干燥、拌胶、铺装、预压、热压等工艺流程制成，生产的刨花板可代替各种制板品用于建筑装修和家具的制作，具有价廉质优的特点。

杨正东（2002）对紫茎泽兰刨花板的生产技术及其物理力学性能进行了研究，得出利用紫茎泽兰可制出符合国家标准的制品，同时对紫茎泽兰刨花板的经济效益、社会效益及生态效益进行了分析。

杨亚峰（2006）在对紫茎泽兰化学组成、纤维形态和表面自由能研究的基础上，对紫茎泽兰中密度纤维板的生产工艺参数和物理力学性能及其影响因素的研究表明，试验条件下制造的紫茎泽兰中密度纤维板，经适当调节工艺条件，其 MOR、MOE 和 IB 3 项性能指标均能达到国家标准室内型中密度纤维板的要求。

七、其他利用

（一）蘑菇培养基质

一年生紫茎泽兰含干物质 20% 以上，其中含碳 40.43%、氮 3.18%、粗蛋白 19.74%、木质纤维素 24.7%、脂肪 13.74%，碳氮比 12.71，pH 5.97。另外，还含有大量的氮、磷、钾以及丰富的中量元素、微量元素（汪禄祥，2002）。营养丰富、比例适宜，是生产食用菌的优质原料，并筛选得到平菇 15 号、金针菇 Fv48、柳松茸、香菇 261、鸡腿菇 Cc-033 5 个菌株（系）为利用紫茎泽兰栽培的专用（首选）菌株（系）（田果廷，2006）。

冯颖等（1991）利用紫茎泽兰作为食用菌培养料，栽培出了平菇、凤尾菇、金针菇、木耳、猴头等 7 种食用菌。生料栽培平菇、凤尾菇所用的培养料用饱和石灰水浸泡 1~2 天，然后用清水洗净、滤干，按配方配料，拌匀后接种。其配方是：紫茎泽兰干茎 77%、配合饲料（或糠皮、麦麸等）10%、稻草 10%、普钙 1%、石膏 1%、蔗糖 1%。在配方中再加入 1：800 的多菌灵、1%的石灰粉拌料以防止污染；熟料栽培所用的紫茎泽兰一般采用晒干粉碎后装袋（瓶）的方法。金针菇、木耳等熟料栽培常用的配方为：紫茎泽兰77%、配合饲料（或糠皮、麦麸等）20%、蔗糖1%、普钙1%、石膏1%。配合后用清水拌匀，含水量以70%左右为宜，然后装袋（瓶）灭菌，接种。

利用配方为紫茎泽兰（干）主料80%、辅料麦麸7%、玉米粉8%、石膏1%、石灰3%、蔗糖1%，栽培田头菇。子实体形态特征特性无显著差异，鲜菇在品尝食味鲜美度、气味芳香度等方面与对照比较无明显差别，但比对照增产达80%以上（田果廷等，2004）。

周小刚等（2015）发明了一种以紫茎泽兰为主要原料的平菇培养基，是由以下重量的原料制成的：紫茎泽兰茎秆42份、玉米芯28份、稻草10份、米糠或麦麸10份、玉米粉5份、尿素0.5份、过磷酸钙0.5份、石膏1份、生石灰3份、多菌灵0份或适量。制备时，将紫茎泽兰堆腐物、玉米芯、稻草、米糠或麦麸、玉米粉、尿素、过磷酸钙、石膏、多菌灵和石灰水混合、混匀，灭菌即得。以紫茎泽兰为主要原料的平菇培养基，可以用于栽培平菇。经实验证明，具有产量高、紫茎泽兰利用率高等优点（图6-12）。

图6-12 利用紫茎泽兰与主要原料种植的平菇（周小刚摄）

冯小飞等（2017）发明了一种以紫茎泽兰为主要材料的白参菌袋料栽培方法。基质重量百分比：紫茎泽兰40%～80%、棉籽壳0%～40%、麦麸15%、黄豆粉3%、石膏粉1%、蔗糖1%，配制是以新鲜紫茎泽兰堆积发酵、晒干、粉碎与麦麸、黄豆粉等混合均匀装袋灭菌作为白参菌栽培菌包。

（二）染料

云南大理巍山的民间手工艺者找到一条利用紫茎泽兰的途径。大理自古有制作扎染的传统技艺，2003年前，民间工匠们发现那些生长在田间地头的紫茎泽兰可用来染黄色布料，用紫茎泽兰作染料，染出来的布料不但色彩鲜明、不易褪色，且降低了成本，不会危害人体健康，有驱除蚊虫的功效。于是，扎染厂开始大量收购紫茎泽兰（王文琪，2013）。

徐庆波（2016）发明了一种紫茎泽兰染液及其制备方法与用途，紫茎泽兰染液可用于对植物进行染色，染色效果优异，色牢度强，颜色柔和，各项指标均优于婴幼儿织物的标准。紫茎泽兰染料制作装备及产品见图6-13。

紫茎泽兰色布样系列

图6-13 紫茎泽兰染料制作装备及产品（曹坳程摄）

（三）育苗基质

曹建华、郑伟（2012）发明了一种利用紫茎泽兰制备轻基质的方法。包括混料、发酵步骤。将紫茎泽兰制备为轻基质，用于植物栽培，为有效利用紫茎泽兰提供了一种新途径。利用紫茎泽兰制备的育苗基质见图6-14。

图6-14　利用紫茎泽兰制备的育苗基质（曹坳程摄）

（四）提取绿原酸

紫茎泽兰植株中绿原酸含量丰富，以紫茎泽兰为起始原料，先用20%～60%的乙醇溶液进行提取，再通过大孔树脂进一步纯化产品，可得到含量高达

52.56%的绿原酸提取物。该方法弥补以金银花为原料提取绿原酸时资源的不足，还可以在将紫茎泽兰变害为宝的同时，高产率地获得绿原酸，且方法简单、成本低廉，适于工业化生产。目前，已研究出一套简便的绿原酸提取工艺（图6-15），绿原酸纯度可达到98%，价格为1万～2万元/千克（曹坳程等，2007）。

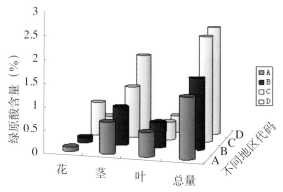

图6-15 紫茎泽兰中绿原酸含量及生产绿原酸的车间（曹坳程摄）

第七节 综合防治技术

紫茎泽兰在我国发生量大、分布广泛，现已在云南、四川、贵州、广西、西藏、重庆、湖北、台湾等地广泛分布，且每年以大约60千米的速度向东和向北传播扩散，已被列入我国公布的第一批外来入侵物种名单。通过调查和分析，根据紫茎泽兰的发生和危害以及地理分布，将其划分为防御区、扩散区、重灾区和生态脆弱区。实施监测防御区、控制扩散区、利用重灾区、恢复生态脆弱区的策略，有效控制紫茎泽兰的危害。紫茎泽兰防控与利用技术路线见图6-16。

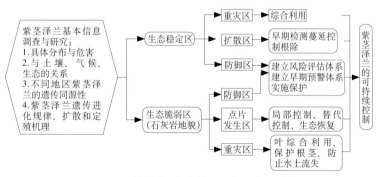

图6-16 紫茎泽兰防控与利用技术路线

在扩散区，主要实施蔓延控制和根除。在点片发生时，实施人工拔除和局部施药技术，保护非靶标植物。

在成片大面积发生区，实施以化学防治为主的高效防除技术。同时辅以人工剪花枝的措施，减少紫茎泽兰的种子量，从而减少紫茎泽兰的蔓延控制。

在重灾区，由于紫茎泽兰发生量大，主要以紫茎泽兰利用为主。

在紫茎泽兰点片发生区或生态脆弱区，采用化学防治和替代控制方法，杀死紫茎泽兰，以恢复生态。

附录

附录1 紫茎泽兰检疫鉴定方法

根据《紫茎泽兰检疫鉴定方法》(GB/T 29398—2012)改写。

一、范围

本方法规定了紫茎泽兰(*Eupatorium adenophorum* Spreng.)的检疫鉴定,以植株和瘦果的形态学特征作为依据,明确了样品采集、目测鉴定、镜检鉴定、样品保存的方法。

本方法适用于紫茎泽兰的植株和瘦果的检疫鉴定。

二、术语和定义

下列术语和定义适用于本文件。

（一）瘦果 achene

含一粒种子的一室干果，果皮紧包种皮，不开裂。

（二）冠毛 pappus

菊科瘦果顶端之簇毛，由萼片变态而成，呈毛状、刺状。

（三）棱 rib; ridge

沿瘦果表面形成的长条形突起物。

（四）果脐 hilum

瘦果与果柄分离后，在瘦果表面遗留的痕迹。

（五）衣领状环 collar

瘦果顶端或果疤部一圈窄而直立的环形脊状物。

（六）残存花柱 style remnant

果实上残存的花柱基部。

（七）总苞 involucre

包围花或花序基部一轮或多轮小苞片的总称。

三、紫茎泽兰基本信息

中文名：紫茎泽兰。

中文别名：破坏草、解放草。

学名：*Eupatorium adenophorum* Spreng. 1826。

异名：*Ageratina adenophora* (Spreng.) R. M. King & H. Robinoon. 1970。

英文名：Crofton weed。

属菊科Compositae、泽兰属*Eupatorium* L.。以植株和瘦果传播蔓延。远距离通过货物运输、引种夹带传播，近距离通过风力传播。

（一）分类

学名和异名体现了不同的分类学观点：*Eupatorium*是广义泽兰属，而*Ageratina*是狭义泽兰属，广义的*Eupatorium*被划分为包括*Ageratina*在内的几个属。《中国植物志》采广义泽兰属观点，而美国等一些国家文献使用了狭义泽兰属观点。本方法使用*Eupatorium adenophorum* Spreng.以与《中国植物志》保持一致。据《中国植物志》记载，世界上广义泽兰属植物约1 200余种，我国仅有14种及数种变种，14种中有3种为外来种，均表现出很强的入侵危害，紫茎泽兰是其中的一种。需要说明的是：《中国植物志》记载的破坏草，即为紫茎泽兰。《中国植物志》中记载：破坏草，学名：*E. coelestinum* Linn.经调查核实为错误记载，是紫茎泽兰早期传入我国时被误认为泽兰属另外一个种。

（二）分布

原产于美洲，广泛分布世界热带、亚热带地区。中国分布于云南、贵州、广西、四川（西南部）、重庆和台湾等省（自治区、直辖市），垂直分布上限为海拔2 500米。据专家研究预测，紫茎泽兰虽然目前主要分布在我国西南地区，但远未达到其在我国的适生极限，其潜在分布区还包括甘肃、陕西、山西、河南、湖北、宁夏、福建、浙江等省（自治区、直辖市）。

（三）生物学

紫茎泽兰属多年生草本植物，结实量大，瘦果细小，具有刺状冠毛。根状茎发达，可行营养繁殖。

（四）危害

紫茎泽兰是我国最具侵染性和危害性的外来杂草，1935年首次在云南南部发现（可能经缅甸传入）。目前，正在向华中、华东和华南方向蔓延。在其发生区常形成单优群落，排挤本地植物、影响天然林的恢复；侵入经济林地和农田，影响栽培植物生长；堵塞水渠，阻碍交通；全株有毒性，危害畜牧业生产。受紫茎泽兰危害的地区生态系统遭到巨大破坏，土地利用率严重降低，农、林、牧业生产、经济遭受重大损失。

四、方法原理

根据紫茎泽兰植株和瘦果的形态学特征，采集植株完整或形态学特征完好的瘦果，用肉眼或放大镜观察，用体视显微镜观察瘦果外部和种胚，根据形态特征进行判定。

五、仪器用具

体视显微镜、测微尺、解剖刀、解剖针、放大镜、直尺、镊子、小毛笔、培养皿、指形管、广口瓶、白瓷盘、分样台、分样板、样品铲、样品袋、标签、记录纸、标本瓶、标本盒、防虫剂、樟脑精、干燥剂。

六、检测鉴定

（一）样品采集

在检疫现场采集植株鉴定用样品，要求植株完整、形态学特征完好。瘦果鉴定用样品，要求发育成熟、外形完整。

（二）鉴定方法

1. 目测鉴定　用肉眼或放大镜对植株、瘦果进行形态特征观察、鉴定。

2. 镜检鉴定　将瘦果放在体视显微镜下，观察其瘦果、冠毛、果脐等的外部形态特征。对外部形态特征难于判断的，可用解剖刀、解剖针对种子进行解剖，观察其种胚的形状及大小等特征。

（三）形态特征

1. 泽兰属 *Eupatorium* L. 主要形态特征　一年生或多年生直立草本或灌木；叶通常对生或有时上部的互生，分裂或有锯齿；头状花序通常成伞房花序式排列；总苞半球形、钟状或圆筒状；总苞片2或多层，覆瓦状排列；花序裸露；花多数或仅数朵，全为管状，两性；花冠5裂，裂片三角形或线形；花药基部钝，顶端有膜质附属物；花柱枝丝状；瘦果有5纵棱，顶端截平，有或无腺体；有刺毛状冠毛。

2. 紫茎泽兰形态特征

（1）茎。多年生草本植物，茎直立丛生，多年的下部茎逐渐老化变硬，呈半灌木状，株高30～200厘米。分枝对生，斜上；全部茎枝呈暗紫褐色，被白色或锈色短柔毛。茎特征图见附图1-1至附图1-3。

附图1-1　紫茎泽兰形态特征图　附图1-2　紫茎泽兰植株特征图
（引自《中国杂草志》，
王金堂绘）
1.植株下部　2.植株上部
3.管状两性花

附图1-3　紫茎泽兰茎形态特征

（2）叶。叶对生，有4～5厘米长叶柄；叶片三角状菱形，长3.5～7.5厘米，宽4～5厘米；基部平截或心形，先端急尖，基出三脉，侧脉纤细，边缘有粗大圆锯齿；腹面绿色，背面色淡，两面被稀疏短柔毛。紫茎泽兰叶的形态特征见附图1-4。

附图1-4　紫茎泽兰叶形态特征

（3）花序。头状花序，若干小花在茎顶排列成伞房状或复伞房状。总苞呈钟状或狭钟状，含40～50个小花。总苞片1层或近于2层，线形或线状披针形，长3毫米，先端渐尖，花序托凸起，呈圆锥状，外面被腺毛。小花为管状花，两性，幼时中心橄带淡紫色，开花时白色，长约5毫米，下部纤细，上部膨大，开花时裂片平展反屈，雌蕊伸出花冠管约3毫米。花序形态特征见附图1-5。

附图1-5　紫茎泽兰花序形态特征

（4）瘦果。瘦果长椭圆形，稍弯曲，黑褐色，长1.2～1.5毫米，宽0.3毫米，光泽，表面方格纹，有5条纵棱；冠毛白色；果脐大，白色，位于下端部，近圆形；白色衣领状环明显，衣领环中间可见明显白色残存花柱。果实内含1粒种子，横切面近椭圆形；胚直立，黄褐色；种子无胚乳。瘦果特征见附图1-6，相似种区别见附表1-1。

1毫米

附图1-6　紫茎泽兰瘦果形态特征

附表1-1　紫茎泽兰与境外7种泽兰属重要杂草瘦果的特征区别表

特征	紫茎泽兰 *E. adenophorum*	不同特征区分的相似种	
大小	长1.2~1.5毫米	长大于2毫米	*E. rugosurn* Houtt.(2.5毫米) *E. maculatum* L.(4毫米) *E. perfoliatum* L.(2毫米) *E. purpureum* L.(3.5毫米) *E. odoratum* L.(3.5毫米)
形状（大小相似的情况）	长椭圆形，稍弯曲，中部最宽	圆锥形，稍弯曲，棱高耸，上端最宽	*E. coelestinum* L. (1.2~1.8毫米)
毛	无毛	有毛	*E. odoratum* L.(棱上白色倒毛) *E. ri parium* Regel.(棱上有倒毛)(1.5毫米)
腺点	无腺点	有腺点	*E. purpureurn* L. (稀疏腺点) *E. maculatum* L. (稀疏腺点)

七、结果判定

符合紫茎泽兰茎、叶、花序、瘦果鉴定特征可判定为紫茎泽兰 *Eupatorium adenophorum* Spreng.。

八、样品保存

保存样品由鉴定人标识确认、样品管理员登记，进行防虫处理后，置放于干燥、防虫、防鼠处保存，保存期为1年，有特殊需求保存期可适当延长。保存期满，经灭活后妥善处理。

附录2　外来入侵植物监测技术规程　　　　紫茎泽兰

根据《外来入侵植物监测技术规程　紫茎泽兰》（NY/T 1864—2010）改写。

一、范围

本规程规定了紫茎泽兰监测的程序和方法。

本规程适用于对紫茎泽兰的监测。

二、规范性引用文件

下列文件对于本文件的应用是必不可少的。凡是注日期的引用文件，仅注日期的版本适用于本文件。凡是不注日期的引用文件，其最新版本（包括所有的修改单）适用于本文件。

NY/T 1861—2010 外来草本植物普查技术规程

三、术语和定义

下列术语和定义适用于本文件。

（一）监测 monitoring

在一定的区域范围内，通过走访调查、实地调查或其他程序持续收集和记录某种生物发生或不存在的数据的官方活动。

（二）适生区 suitable geographic distribution area

在自然条件下，能够满足一个物种生长、繁殖并可维持一定种群规模的生态区域，包括物种的发生区及潜在发生区（潜在扩散区域）。

四、监测区的划分

开展监测的行政区域内的紫茎泽兰适生区即为监测区。

以县级行政区域作为发生区与潜在发生区划分的基本单位。县级行政区域内有紫茎泽兰发生，无论发生面积大或小，该区域即为紫茎泽兰发生区。潜在发生区的划分应以详细的风险分析报告为准。

五、监测方法与结果计算

（一）发生区的监测

1. 监测点的确定 在开展监测的行政区域内，依次选取20%的下一级行政区域直至乡（镇）（有紫茎泽兰发生），每个乡（镇）选取3个行政村，设立监测点。紫茎泽兰发生的省、市、县、乡（镇）或村的实际数量低于设置标准的，只选实际发生的区域。

2.监测内容　监测内容包括紫茎泽兰的发生面积、分布扩散趋势、生态影响、经济危害等。

3.监测时间　每年进行2次监测调查。根据紫茎泽兰在监测区的生长发育时期情况确定监测时间，2次监测调查的时间应间隔3个月以上。

4.群落调查方法

（1）样方法。在监测点选取1～3个紫茎泽兰发生的典型生境设置样地，在每个样地内选取20个以上的样方，样方面积9平方米。取样可采用随机取样、规则取样、限定随机取样或代表性样方取样等方法。

对样方内的所有植物种类、数量及盖度进行调查，调查的结果按表5-5的要求记录和整理。

（2）样点法。在监测点选取1～3个紫茎泽兰发生的典型生境的地块，随机选取1条或2条样线，每条样线选50个等距的样点。表5-7给出了紫茎泽兰常见的一些生境中样线的选取方案，可参考使用。

样点确定后，将取样签（方便获取和使用的木签、竹签、金属签等均可）以垂直于样点所处地面的角度插入地表，插入点半径15厘米内的植物即为该样点的样本植物，调查样点内的所有植物并按表5-8的要求记录和整理。

样方法或样点法确定后，在此后的监测中不可更改调查方法。

5.发生面积与经济损失调查方法 采用踏查结合走访调查的方法，调查各监测点中紫茎泽兰的发生面积与经济损失，根据所有监测点面积之和占整个监测区面积的比例，推算紫茎泽兰在监测区的发生面积与经济损失。对发生在农田、果园、荒地、绿地、生活区等具有明显边界的生境内的紫茎泽兰，其发生面积以相应地块的面积累计计算，或划定包含所有发生点的区域，以整个区域的面积进行计算；对发生在草场、森林、铁路公路沿线等没有明显边界的紫茎泽兰，持GPS定位仪沿其分布边缘走完一个闭合轨迹后，将GPS定位仪计算出的面积作为其发生面积。其中，铁路路基、公路路面的面积也计入其发生面积。对发生地地理环境复杂（如山高坡陡、沟壑纵横）、人力不便或无法实地踏查或使用GPS定位仪计算面积的，可使用目测法、通过咨询当地国土资源部门（测绘部门）或者熟悉当地基本情况的基层人员，获取其发生面积。

在进行发生面积调查的同时，调查紫茎泽兰危害造成的经济损失情况。经济损失估算方法按照NY/T

1861—2010中7.2的规定执行。

调查的结果按表5-11的要求记录。

6.生态影响评价方法　紫茎泽兰的生态影响评价按照NY/T 1861—2010中7.1规定的方法进行。

在生态影响评价中，通过比较相同样地中紫茎泽兰及主要伴生植物在不同监测时间的重要值的变化，反映紫茎泽兰的竞争性和侵占性；通过比较相同样地在不同监测时间的生物多样性指数的变化，反映紫茎泽兰入侵对生物多样性的影响。

监测中采用样点法时，不计算群落中植物的重要值，通过生物多样性指数的变化反映紫茎泽兰的影响。

（二）潜在发生区的监测

1.监测点的确定　在开展监测的行政区域内，依次选取20％的下一级行政区域至地市级，在选取的地市级行政区域中依次选择20％的县（均为潜在分布区）和乡（镇），每个乡（镇）选取3个行政村进行调查。县级潜在分布区不足选取标准的，全部选取。在与紫茎泽兰发生区有频繁的对外贸易或国内调运活动的港口、机场、园艺/花卉公司、种苗生产基地、原种苗圃等高风险场所及周边应额外设立监测点。

2.监测内容　紫茎泽兰是否发生。在潜在发生区监测到紫茎泽兰发生后，应立即全面调查其发生情况并按照第五章第二节中的方法开展监测。

3. 监测时间 根据离监测点较近的发生区或气候特点与监测区相似的发生区中紫茎泽兰的生长特性，或者根据现有的文献资料进行估计，选择紫茎泽兰可能开花的时期进行。

4. 调查方法

（1）踏查结合走访调查。对距离紫茎泽兰发生区较近的区域（尤其处于发生区下风区的）、江河沟渠上游为紫茎泽兰发生区的区域、与紫茎泽兰发生区有频繁的客货运往来的地区，应进行重点调查，可适当增加踏查和走访的频率（每年2次以上）；其他区域每年进行1次调查即可。调查结果按表5-2的格式记录。

（2）定点调查。与紫茎泽兰发生区有频繁的对外贸易或国内调运活动的港口、机场、园艺/花卉公司、种苗生产基地、原种苗圃等高风险场所及周边，进行定点跟踪调查。调查结果按表5-4的格式记录。

六、标本采集、制作、鉴定、保存和处理

在监测过程中发现的疑似紫茎泽兰而无法当场鉴定的植物，应采集制作成标本，并拍摄其生境、全株、茎、叶、花、果、地下部分等的清晰照片。标本采集和制作的方法按照NY/T 1861—2010中附录G的规定执行。

标本采集、运输、制作等过程中，植物活体部分均

不可遗撒或随意丢弃，在运输中应特别注意密封。标本制作中掉落后不用的植物部分，一律烧毁或灭活处理。

疑似紫茎泽兰的植物带回后，应首先根据相关资料自行鉴定。自行鉴定结果不确定或仍不能做出鉴定的，选择制作效果较好的标本并附上照片，寄送给有关专家进行鉴定。

紫茎泽兰标本应妥善保存于县级以上的监测负责部门，以备复核。重复的或无须保存的标本应集中销毁，不得随意丢弃。

发生区的监测结果应于监测结束后或送交鉴定的标本鉴定结果返回后7天内汇总上报。潜在发生区发现紫茎泽兰后，应于3天内将初步结果上报，包括监测人、监测时间、监测地点或范、初步发现紫茎泽兰的生境和发生面积等信息，并在详细情况调查完成后7天内上报完整的监测报告。监测中所有原始数据、记录表、照片等均应进行整理后妥善保存于县级以上的监测负责部门，以备复核。

附录3　紫茎泽兰综合防治技术规范

根据《紫茎泽兰综合防治技术规程》（NY/T 2154—2012）改写。

一、范围

本规范规定了紫茎泽兰的综合防治原则、防治策略和防治技术。

本规范适用于紫茎泽兰发生区各级农业、林业、环保等部门对紫茎泽兰进行的综合防治。

二、规范性引用文件

下列文件对于本文件的应用是必不可少的。凡是注日期的引用文件，仅注日期的版本适用于本文件。凡是不注日期的引用文件，其最新版本（包括所有的修改单）适用于本文件。

GB/T 4285　农药安全使用标准

GB/ T 8321　农药合理使用准则

GB/T 12475　农药储运、销售和使用的防毒规程

HJ/ T 80　有机食品技术规范

NY/ T 393　绿色食品农药使用准则

NY/ T 1276　农药安全使用规范总则

NY/ T 1864　外来入侵植物监测技术规程　紫茎泽兰

三、术语和定义

下列术语和定义适用于本文件。

（一）潜在发生区　potential distribution

在自然条件下，能够满足紫茎泽兰生长、繁殖并

可维持一定种群规模，但紫茎泽兰尚未发生的生态区域。

（二）扩散区 spreading area

紫茎泽兰已经定殖，种群呈蔓延趋势的区域。

（三）重灾区 heavily infested area

紫茎泽兰已经定殖，发生种群数量大，并造成严重危害的区域。

（四）生态脆弱区 fragile habitats area

具有特殊地貌、特殊气候特征、生物多样性贫乏对环境变化敏感而需要特别保护的区域。

四、防治原则和策略

（一）防治原则

采取"预防为主，综合防治"的原则。加强监测预警防止紫茎泽兰向未发生区传播扩散；协调化学、物理、生态防治的措施，减少紫茎泽兰对经济和环境的危害，以取得最大的经济效益和生态效益。

（二）防治策略

根据紫茎泽兰的发生和危害及地理分布，将防治区域划分为潜在发生区、扩散区、重灾区和生态脆弱区。采取监测潜在发生区、控制扩散区、防治重灾区、修复生态脆弱区的策略，综合控制紫茎泽兰的危害。

五、调查监测

在潜在发生区建立早期监测预警体系，根据紫茎泽兰主要沿交通运输公路、水路传播的特点，建立早期监测预警隔离带（参照NY/T 1864），形态鉴别方法见第一章。

六、主要防治措施

（一）物理防治

紫茎泽兰开花前采取人工拔除、机械铲除的防治措施；对成片发生的紫茎泽兰可人工剪花枝，减少紫茎泽兰的种子量，控制蔓延。拔除或剪掉的花枝集中焚烧或作为燃料、饲料原料等。

（二）化学防治

选用草甘膦、甲嘧磺隆、氨氯吡啶酸乳油等药剂对紫茎泽兰进行化学防治，使用方法参照GB 4285、GB 12475、GB/T 8321、NY/T 1276等的规定。

甲嘧磺隆仅能用于非耕地或针叶林下，油松、樟子松、马尾松对该药具很强耐药性，但落叶松幼苗和杉树较为敏感，施药时应注意保护，水域边慎用。

（三）生态修复

选择种植当地适宜生态气候特征、生长迅速、具有竞争能力的草种、灌木、经济或生态林木，控制紫茎泽兰的蔓延和危害，恢复自然生态。

七、不同生境的综合防治措施

（一）农田

采用物理或化学防治措施控制紫茎泽兰危害。作物种植前，每公顷用草甘膦丙胺盐水剂2 220～2 460克（有效成分，下同），兑水600～900升，对紫茎泽兰均匀喷雾；也可选择使用噻吩磺隆，安全用于小麦、玉米等禾本科作物田。

（二）果园

采用物理、化学、生态措施控制紫茎泽兰危害。化学防治时，每公顷可用草甘膦丙胺盐水剂2 220～2 460克，兑水600～900升，对紫茎泽兰定向喷雾；生态修复中可选用紫花苜蓿、多年生黑麦草等适宜当地种植的牧草。

（三）草场

采取物理、化学措施防除紫茎泽兰，播种非洲狗尾草、多年生黑麦草等耐旱、速生的牧草恢复草场的生态。

（四）针叶林

化学防除紫茎泽兰，恢复自然植被。每公顷用甲嘧磺隆可溶性粉剂157.5～315克，兑水600～900升，对紫茎泽兰均匀喷雾。在水源较远、取水不便且紫茎泽兰发生量大的地区，如土壤湿度合适，可每公顷施用甲嘧磺隆颗粒剂187.5 ~ 225克。如无颗粒剂，可将等量有效成分的甲嘧磺隆可溶性粉剂制成毒土撒施。

（五）阔叶林

化学防除紫茎泽兰，恢复自然植被。化学防治方法同果园防治方法。

（六）沟渠边

每公顷用草甘膦异丙胺盐水剂2 220 ~ 2 460克，兑水600 ~ 900升，对紫茎泽兰均匀喷雾。

（七）荒地

采取化学防治和生态修复相结合的防控措施。每公顷用氨氯吡啶酸乳油1 080 ~ 1 620克，兑水600 ~ 900升，对紫茎泽兰均匀喷雾。氨氯吡啶酸，可促进禾本科植物生长。同时，播种皇竹草、拉巴豆等耐旱、速生的牧草或种植车桑子、紫穗槐等耐瘠薄的替代植物。

（八）生态脆弱区

在紫茎泽兰生态脆弱区、石漠化地区，花前砍枝留根，控制种子扩散，防止处置不当造成水土流失，也可采用涂抹法施用甲嘧磺隆或氨氯吡啶酸，控制紫茎泽兰，然后种植耐瘠薄的替代植物。

（九）有机农产品及绿色食品产地

在有机农产品和绿色食品产地实施，应按照NY/T

393、HJ/T 80的规定，根据允许使用的农药种类、剂量、时间、使用方式等规定进行控制。不得使用农药的区域应采取其他方法进行控制。

附录4　紫茎泽兰防控规程

根据《紫茎泽兰防控规程》（LY/T 2027—2012）改写。

一、范围

本规程规定了入侵等级、预防措施、防治技术等方面的指标。

本规程适用于林区紫茎泽兰入侵的预防和控制。

二、规范性引用文件

下列文件对于本文件的应用是必不可少的。凡是注日期的引用文件，仅注日期的版本适用于本文件。凡是不注日期的引用文件，其最新版本（包括所有的修改单）适用于本文件。

GB/T 15163—2004　封山（沙）育林技术规程

GB/T 15781—2009　森林抚育规程

GB/T 15783—1995　主要造林树种林地化学除草技术规程

GB/T 26424—2010　森林资源规划设计调查技术

规程

NY/T 1864—2010　外来入侵植物监测测技术规程　紫茎泽兰

三、术语和定义

下列术语和定义适用于本文件。

（一）紫茎泽兰　*Eupatorium adenophorum*

原产于墨西哥，菊科泽兰属多年生半灌木植物。自20世纪40年代从中缅、中越边境传入我国云南南部，现已大量逸生于云南、四川、贵州、重庆等地区，是我国危害最严重的外来入侵物种之一。

（二）植物入侵　plant invasion

某种植物由于人为等原因扩散到其非自然分布区域，适应当地环境而形成自然种群，其后代可以繁殖、扩散并维持下去，给入侵地带来了巨大的生态和经济损失的现象。

（三）替代种植　replacement planting

利用一种或多种耐旱、速生的植物的生长优势来抑制紫茎泽兰蔓延。

四、调查监测

紫茎泽兰调查可参照GB/T 26424—2010，紫茎泽兰入侵监测参照NY/T 1864—2010。

五、入侵等级

根据紫茎泽兰盖度，把入侵程度分为极严重入侵、严重入侵、中度入侵和轻度入侵4个等级，见附表4-1。

附表4-1　紫茎泽兰入侵等级

入侵等级	极严重入侵	严重入侵	中度入侵	轻度入侵
紫茎泽兰盖度（%）	60以上	40～60	20～40	20以下

六、预防措施

（一）提高林分郁闭度

林分郁闭度保持在0.7以上可有效预防和减缓紫茎泽兰入侵。低密度林分通过封山育林等措施增加郁闭度，封山育林技术参照GB/T 15163—2004。通过抚育间伐等措施提高林分郁闭度可参照GB/T 15781—2009。

（二）建植物隔离带

在森林边缘使用竹林、蔷薇等灌木种植5～10米宽度的高密度隔离带，可以减缓紫茎泽兰入侵。

七、物理防治

（一）预防为主

紫茎泽兰入侵后难控制和清除，对紫茎泽兰入侵的防治应坚持以预防为主的原则。

（二）防治时间

紫茎泽兰的物理防治应在其种子成熟前去除。在紫茎泽兰结实前和生长弱势的11月至翌年2月干旱季节为最佳清除时段。

（三）防治方法

在一些有水土流失、石漠化等倾向的林区，只需要将其距地面5厘米以上部分机械割除。

在较为松软土壤和沙质土壤上直接拔出，在黏性大且拔出时易断根的土壤，采用锄头等工具挖出。对于拔出或挖出的植株，将其具有繁殖能力的距地10厘米以下部分（包括根和10厘米长地上茎）剪下集中处理。剪下的根茎有两种主要处理办法：一是利用阳光晒干后集中烧毁，公路沿线的可以在公路边上晒，石漠化地区可以在岩石上晒，有灌木地方可以挂在树杈上晒；二是放入蓄肥池中腐烂发酵。

八、生物防治

紫茎泽兰生物防治以替代种植为主。

草场替代种植：西南地区高山草场，采取人工拔除紫茎泽兰，同时播种耐旱、速生的牧草，如宽叶雀稗（*Paspalum wetsfeteini*）、皇竹草（*Pennisetum sinese*）、非洲狗尾草（*Setaria sphacelata*）和黑麦草（*Lolium perenne*）等。

荒山荒坡替代种植：荒山荒坡控制紫茎泽兰

后，可以替代种植滇石栎（*Lithocarpus dealbatus*）、构树（*Broussonetia papyrifera*）和紫穗槐（*Amorpha fruticosa*）等。

九、化学防治

利用高效、低毒、低残留、对人畜安全的化学除草剂如草甘膦、甲嘧磺隆、氨氯吡啶酸等对不同林地进行紫茎泽兰防治，除草技术参见GB/T 15783—1995。

十、防治效果评价

调查紫茎泽兰参照GB/T 26424—2010，入侵监测参照NY/T 1864—2010，计算紫茎泽兰盖度。对比防治前后紫茎泽兰盖度，根据紫茎泽兰盖度减少率，把防治效果分为优、良、中、差4个等级，见附表4-2。

附表4-2　紫茎泽兰防治效果

项目	优	良	中	差
紫茎泽兰盖度减少率（%）	80以上	60～80	40～60	40以下

主要参考文献

白洁, 2012. 外来入侵植物紫茎泽兰毒性物质基础研究 [D]. 北京: 中国农业科学院博士后流动站.

曹坳程, 侯婧, 吴建平, 等, 2018. 一种紫茎泽兰中绿原酸的提取工艺: 中国, 200710098997. 9[P].

曹坳程, 田宇, 郭美霞, 等, 2008. 除草剂涂抹紫茎泽兰不同部位的效果[J]. 杂草科学(4): 29-30.

曹建华, 郑伟, 2012a. 利用紫茎泽兰制备生物有机肥的方法: 中国, ZL 201210311492. 7[P].

曹建华, 郑伟, 2012b. 利用紫茎泽兰制备轻基质的方法: 中国, ZL 201210396689. 5 [P].

曹建华, 郑伟, 2013. 紫茎泽兰综合利用工艺: 中国, ZL 201310674932. X[P].

曹子林, 王乙媛, 王晓丽, 等, 2017. 紫茎泽兰对杉木种子萌发及幼

苗生长的化感作用 [J]. 种子, 36(7) : 32-36.

陈才俊, 秦立新, 杨林, 等, 2010. 不同生境条件下紫茎泽兰的化学防除效果 [J]. 贵州农业科学, 38(11): 130-132.

陈金发, 2015. 温度对紫茎泽兰茎秆产沼气的影响 [J]. 江苏农业科学, 43(7) : 400-403.

陈军, 权文婷, 周冠华, 等, 2010. 外来物种紫茎泽兰光谱特征 [J]. 光谱学与光谱分析, 30(2) : 1853-1857.

陈旭东, 何大愚, 1990. 利用泽兰实蝇控制紫茎泽兰的生防策略研究 [J]. 应用生态学报, 1(4) : 315-321.

达平馥, 洪焰泉, 2003. 紫茎泽兰的危害特性及研究利用近况 [J]. 林业调查规划, 28(1) : 95-98.

戴新宾, 陈世国, 强胜, 等, 2004. 链格孢菌毒素对紫茎泽兰叶片光合作用的影响 [J]. 植物病理学报, 34(1) : 57-62.

党伟光, 高贤明, 王瑾芳, 等, 2008. 紫茎泽兰入侵地区土壤种子库特征 [J]. 生物多样性, 16(2) : 126-132.

邓建梅, 余传波, 2017. 复合菌剂强化紫茎泽兰堆肥试验 [J]. 北方园艺 (2) : 172-174.

邓晓华, 2007. 紫茎泽兰在凉山州造成严重危害 [N]. 四川工人日报, 1-22(003).

丁宣学, 罗鹏涛, 冉崇深, 等, 1990. 杂草刨花板: 中国, 90104443. 1[P].

董良, 郑晓喆, 张志勇, 等, 2018. 基于 GIS 的紫茎泽兰空间扩散的风险分析 [J]. 安徽农业科学, 46(14): 12-15.

段惠，强胜，吴海荣，等，2003. 紫茎泽兰(*Eupatorium adenophorum* Spreng.)[J]. 杂草科学(2)：36-38.

范倩，黄建国，2018. 紫茎泽兰对小麦的化感作用及腐熟肥效[J]. 中国农业科学，51(4)：708-717.

方焱，2015. 紫茎泽兰对我国花生产业造成的潜在经济损失评估[J]. 中国农业大学学报，20(6)：146-151.

冯小飞，杨斌，赵宁，等，2017. 以紫茎泽兰和有机材料组成的白参菌袋料及栽培方法：中国，201710694415.7[P].

冯颖，陈晓鸣，赖永琪，等，1991. 利用紫茎泽兰栽培食用菌的研究[J]. 西南林学院学报，11(1)：63-68.

桂富荣，郭建英，万方浩，2007. 用ISSR标记分析不同地区紫茎泽兰种群的遗传变异[J]. 分子细胞生物学报，40(1)：41-48.

桂富荣，蒋智林，王瑞，等，2012. 外来入侵杂草紫茎泽兰的分布与区域减灾策略[J]. 广东农业科学(13)：93-97.

郭光远，杨宇容，马俊，1991a. 利用真菌防治紫茎泽兰研究[C]// 全国生物防治学术讨论会论文集. 中国农业科学院生物防治研究所，中国植物保护学会生物入侵分会(2)：238-239.

郭光远，马俊，杨宇容，等，1991b. 国内新病害——紫茎泽兰叶斑病病原菌的研究[J]. 植物病理学报，21(4)：245-250.

郭琼霞，1998. 杂草种子彩色鉴定图鉴[M]. 北京：中国农业出版社.

郭琼霞，于文涛，黄振，2015. 外来入侵杂草——假臭草[J]. 武夷科学(31)：130-134.

郭琼霞，虞赟，黄振，2015. 检疫性杂草——飞机草[J]. 武夷科学

（31）：118-122.

国家林业局，2012. 紫茎泽兰防控规程：LY/T 2027—2012[S]. 北京：
中国标准出版社.

郝立勤，2001. 关于加强控制紫茎泽兰疯狂蔓延危害的建议[J]. 科
技发展研究（4）：23-25.

何云玲，张林艳，郭宗锋，2011. 降雨对长江廊道紫茎泽兰有性繁殖
的影响[J]. 江苏农业科学，39(5)：145-148.

贺俊英，强胜，2005. 外来入侵种——紫茎泽兰花芽分化和胚胎学
研究[J]. 植物学通报，22(4)：419-425.

侯洪波，刘忆明，杨保海，等，2013. 紫茎泽兰对煤渣污染土壤重金
属的富集•修复特性[J]. 安徽农业科学，41(1)：106,109.

侯洪波，杨鸢芳，刘忆明，等，2012. 紫茎泽兰对重金属锌富集特性
研究[J]. 安徽农业科学，40(35): 17273-17274.

侯太平，刘世贵，1999. 有毒植物紫茎泽兰研究进展[J]. 国外畜牧
学（草原与牧草）（4）：6-8.

黄梅芬，徐驰，曹后英，等，2009. 不同生境条件对紫茎泽兰营养生
长的影响[J]. 热带作物学报，30(10): 1425-1436.

黄振，郭琼霞，2017. 检疫性杂草紫茎泽兰的形态特征、分布与危
害[J]. 武夷科学（33）：113-117.

贾桂康，2007. 外来入侵种紫茎泽兰在广西的分布与危害[J]. 百色
学院学报，20(3)：90-95.

江蕴华，余晓华，1986. 用紫茎泽兰生产沼气的研究[J]. 太阳能学
报，7(3)：288-294.

姜勇, 王文杰, 李艳红, 等, 2012. 光质、光强对入侵植物紫茎泽兰种子萌发及幼苗状态的影响[J]. 植物研究, 32(4)：415-419.

焦玉洁, 杜如万, 王剑, 等, 2017. 腐熟紫茎泽兰对土壤细菌、养分和辣椒产量品质的影响[J]. 微生物学报(2)：54-64.

金虎, 杨文秀, 孙亮亮, 等, 2018. 紫茎泽兰提取物对3种杂草的化感胁迫作用[J]. 生态学报, 38(10): 3514-3523.

李爱芳, 高贤明, 党伟光, 等, 2007. 不同生境条件下紫茎泽兰幼苗生长动态[J]. 生物多样性, 15(5)：479-485.

李冰, 张朝晖, 2008. 烂泥沟金矿区紫茎泽兰对重金属的富集特性及生态修复分析[J]. 黄金, 29(8): 47-50.

李春阳, 张利波, 夏洪应, 等, 2016. H_3PO_4活化紫茎泽兰制备活性炭及其性能研究[J]. 材料导报, 30(7)：49-52.

李福章, 2001. 家兔食用紫茎泽兰引起中毒死亡的报告[J]. 贵州畜牧兽医, 25(2)：18-19.

李理, 张润虎, 贾黎春, 等, 2013. 紫茎泽兰制备活性炭对铅离子的吸附性能研究[J]. 环境工程, 31(增刊): 120-123.

李丽, 张无敌, 尹芳, 2007. 紫茎泽兰的各种利用研究[J]. 农业与技术, 27(4)：51-54.

李丽萍, 杨明嘉, 谢响明, 2008. 紫茎泽兰的微生物防治研究进展[J]. 中国农学通报, 24(5)：348-350.

李良博, 张海涛, 杨燕, 等, 2016. UV-B辐射增强对紫茎泽兰和艾草生长形态及竞争效应的影响[J]. 应用与环境生物学报, 22(5)：759-766.

李良博,张连根,唐天向,等,2016. UV-B辐射增强对紫茎泽兰和艾草抗性生理特性的影响[J].西北植物学报,36(2):343-352.

李双成,高江波,2008.基于GARP模型的紫茎泽兰空间分布预测——以云南纵向岭谷为例[J].生态学杂志,27(9): 1531-1536.

李霞霞,张钦弟,朱珣之,2017.近十年入侵植物紫茎泽兰研究进展[J].草业科学,34(2):283-292.

李永平,2005.紫茎泽兰的防治[J].中国农技推广(1):43-44.

李云寿,邹华英,汪禄祥,等,2000.紫茎泽兰提取物对四种储粮害虫的杀虫活性[J].西南农业大学学报,22(4):331-332.

李珍,苏有勇,曹茂炅,2016.紫茎泽兰与牛粪混合干发酵产沼气的试验研究[J].中国沼气,34(2):41-45.

梁以升,2008.紫茎泽兰在四川西南地区对养蜂的危害[J].蜜蜂杂志(9):35.

刘安庆,2013.安顺市紫茎泽兰的危害现状与防控措施[J].现代农业科技(23):162,165.

刘伦辉,刘文耀,郑征,等,1989.紫茎泽兰个体生物及生态学特性研究[J].生态学报,9(1):66-70.

刘伦辉,谢寿昌,张建华,1985.紫茎泽兰在我国的分布、危害与防除途径的探讨[J].生态学报,5(1):1-6.

刘强,赵静,史少伟,等,2011.紫茎泽兰-薰衣草精油-樟脑防蛀剂的制备与性能研究[J].中国农学通报,27(25):82-88.

刘淑超,廖周瑜,何黎,等,2010.伴生植物青蒿及龙须草对紫茎泽兰化感效应的研究[J].安徽农业科学,38(12):6167-6168,6173.

刘文耀, 刘伦辉, 和爱军, 1991. 泽兰实蝇对紫茎泽兰生长发育及生物量分配影响的研究[J]. 生态学报, 11(3) : 291-293.

刘文耀, 刘伦辉, 郑征, 1988. 紫茎泽兰的光合作用特征及其生态学意义[J]. 云南植物研究, 10(2) : 175-181.

刘小文, 齐成媚, 欧阳灿彬, 等, 2014. Pb、Cd 及其复合污染对紫茎泽兰生长及吸收富集特征的影响[J]. 生态环境学报, 23(5) : 873-876.

刘晓漫, 曹坳程, 欧阳灿彬, 等, 2016. 一种紫茎泽兰提取物与异菌脲复配的杀菌剂: 中国, 201610029183. 9[P].

刘燕萍, 高平, 潘为高, 2004. 紫茎泽兰等几种植物提取物对两种农业害螨的毒力作用研究[J]. 四川大学学报(自然科学版), 41(1) : 212-215.

刘垠, 2005. 紫茎泽兰刨花板有望缓解"生物癌症"蔓延[N]. 大众科技报, 07-19(A03) .

卢向阳, 张锦华, 左相兵, 等, 2009. 恶性入侵植物紫茎泽兰替代控制的可持续性探讨[C]// 中国植物保护学会, 中国植物保护学会年会——粮食安全与植保科技创新: 72-77.

卢志军, 2005. 中国西南地区植物群落的可入侵性与紫茎泽兰的入侵[D]. 北京: 中国科学院植物研究所.

卢志军, 马克平, 2004. 外来入侵种紫茎泽兰的分布、危害与研究现状[C]. 中国生物多样性保护与研究进展Ⅵ——第六届全国生物多样性保护与持续利用研讨会论文集: 69-78.

鲁京慧, 2018. 紫茎泽兰叶浸提液对 4 种冰草的化感作用[J]. 江苏农业科学, 46(9): 90-94.

鲁萍, 桑卫国, 马克平, 2005. 外来入侵种紫茎泽兰研究进展与展望[J]. 植物生态学报, 29(6): 1029-1037.

倪文, 1983. 环境因子对杂草紫茎泽兰种子发芽的影响[J]. 生态学报, 3(4): 327-331.

聂林红, 戴全厚, 杜文军, 2011. 紫茎泽兰化感作用的研究进展[J]. 中国植保导刊, 31(1): 10-12.

欧国腾, 2010. 紫茎泽兰种子质量特征研究[J]. 安徽农业科学(5): 2318-2320.

欧国腾, 付上通, 蔡卫东, 等, 2010. 紫茎泽兰主要传播途径及除治技术研讨[J]. 四川林业科技, 31(5): 91-96.

欧阳灿彬, 曹坳程, 李园, 等, 2013. 翻耕替代技术对紫茎泽兰防控效果及机制[C]// 中国植物保护学会第十一次全国会员代表大会暨2013年学术年会论文集: 1.

欧阳芬, 郑国伟, 李唯奇, 2014. CO_2浓度升高和不同氮源对紫茎泽兰生长及光合特性的影响[J]. 植物分类与资源学报, 36(5): 611-621.

彭恒, 桂富荣, 李正跃, 等, 2010. 白茅对紫茎泽兰的竞争效应[J]. 生态学杂志, 29(10): 1931-1936.

强胜, 1998. 链格孢菌作为真菌除草剂防除紫茎泽兰潜力的研究[D]. 南京: 南京农业大学.

强胜, 1998. 世界性恶性杂草——紫茎泽兰研究的历史及现状[J]. 武汉植物学研究, 16(4): 354-365.

强胜, 2005. 外来入侵杂草紫茎泽兰入侵性的研究进展[C]//农业生物灾害预防与控制研究——中国植物保护学会年会论文集: 88-97.

邱波, 桑维钧, 王莉爽, 等, 2010. 寄生植物菟丝子防治入侵种紫茎泽兰研究初探[J]. 山地农业生物学报, 29(2): 185-188.

全国植物检疫标准化技术委员会, 2012. 紫茎泽兰检疫鉴定方法: GB/T 29398—2012[S]. 北京: 中国质检出版社.

全晓书, 2006. 尼泊尔: "入侵害草"能做蜂窝煤[N]. 新华每日电讯, 10-30(7).

沈有信, 刘文耀, 2004. 长久性紫茎泽兰土壤种子库[J]. 植物生态学报, 28(6): 768-772.

侍华丽, 靳松, 王雨蒙, 2015. 不同生境紫茎泽兰抗冻性比较[J]. 北京农业(9): 223-224.

宋章会, 2013. 猪用紫茎泽兰饲料及其制备方法: 中国, 201310463155. 4[P].

苏秀红, 宋小玲, 强胜, 等, 2005. 不同地理种群紫茎泽兰种子萌发对干旱胁迫的响应[J]. 应用与环境生物学报, 11(3): 308-311.

孙康, 蒋剑春, 李静, 等, 2010. 紫茎泽兰制备活性炭及其性质[J]. 林业科学, 46(3): 178-182.

孙启铭, 2002. 野生有机肥料资源紫茎泽兰的利用[J]. 农业科技通讯(4): 28-29.

孙锡治, 全骏纯, 饶维维, 等, 1992. 紫茎泽兰个体生物学特性与防除技术[J]. 云南农业科技(4): 13-15.

唐川江, 周俗, 2003. 紫茎泽兰防治与利用研究概况[J]. 四川草原

（6）：7-10.

唐樱殷，沈有信，2011. 云南南部和中部地区公路旁紫茎泽兰土壤
　　种子库分布格局 [J]. 生态学报，31(12): 3368-3375.

陶永红，李正跃，何月秋，2007. 昆明地区紫茎泽兰叶斑病的发生
　　规律 [J]. 中国生物防治，23(增刊): 37-41.

陶正刚，吉牛拉惹，刘勇，2002. 紫茎泽兰对草地危害及防除对策
　　[J]. 四川畜牧兽医，29(6)：25-26.

田果廷，高飞，徐学忠，2006. 紫茎泽兰栽培食用菌品种(株系)筛
　　选试验 [J]. 食用菌(4)：10-11.

田果廷，徐学忠，杨琼芬，等，2004. 利用紫茎泽兰栽培田头菇的研
　　究 [J]. 中国食用菌，23(4)：13-15.

田宇，侯婧，吴建平，等，2007. 紫茎泽兰挥发性成分及抑菌活性研
　　究 [J]. 农药学学报，9(2)：137-142.

同蒙，2009. 不同地理种群紫茎泽兰的生态适应性研究 [D]. 西双版
　　纳傣族自治州: 中国科学院西双版纳热带植物园.

万方浩，郑小波，郭建英，2005. 重要农林外来入侵物种的生物学
　　与控制 [M]. 北京: 科学出版社.

万欢欢，2010. 入侵植物紫茎泽兰叶片凋落物的化感作用及其降解
　　动态 [D]. 北京: 中国农业科学院研究生院.

汪禄祥，刘家富，束继红，等，2002. 有害杂草的微量元素分析 [J].
　　广东微量元素科学，9(6)：68-71.

汪文云，张朝晖，2008. 贵州水银洞金矿紫茎泽兰重金属元素测定
　　与分析 [J]. 植物研究，28(6)：760-763.

王超, 2016. 微波辐射制备紫茎泽兰优质活性炭及机理分析[J]. 技术与市场, 23(7)：86, 88.

王凤, 赵静, 刘强, 等, 2013. 紫茎泽兰基芳香防蛀缓释剂的制备与性能研究[J]. 中国农学通报, 29(18): 175-179.

王洪炯, 何萍, 马家林, 1994. 紫茎泽兰传入凉山州草地调查研究报告[J]. 中国草地(1)：62-64.

王琼瑶, 杨丽, 罗雪梅, 2012. 快速杀灭紫茎泽兰的新技术研究[J]. 资源开发与市场, 28(2)：106-108.

王硕, 高贤明, 王瑾芳, 等, 2009. 紫茎泽兰土壤种子库特征及其对幼苗的影响[J]. 植物生态学报, 33(2)：380-386.

王文琪, 2013. 紫茎泽兰的防除及利用研究[J]. 湖北农业科学, 52(4)：754-757.

王文琪, 赵志模, 王进军, 等, 2010. 不同生境群落特征及对紫茎泽兰幼苗生长动态的影响[J]. 九江学院学报(自然科学版), 25(2)：11-15, 113.

王一丁, 高平, 郑勇, 等, 2002. 紫茎泽兰提取物对棉蚜的毒力及其灭蚜机理研究[J]. 植物保护学报, 29(4)：337-340.

王银朝, 赵宝玉, 樊泽锋, 等, 2005. 紫茎泽兰及其危害研究进展[J]. 动物医学进展, 26(5)：45-48.

王永达, 徐在品, 2003. 扼制紫茎泽兰危害之对策与思考[J]. 贵州畜牧兽医, 27(2)：33-34.

吴春华, 秦永剑, 张加研, 等, 2009. 微波辐照紫茎泽兰秆制取活性炭[J]. 福建农林大学学报(自然科学版), 38(4)：428-430.

吴笛, 2016. 紫茎泽兰与马铃薯淀粉加工废渣混合产沼气及沼渣毒性研究[J]. 中国沼气, 34(5)：50-56.

吴仁润, 张德银, 卢欣石, 1984. 紫茎泽兰和坛机草在石南省的分布、危害与防治[J]. 中国草原(2)：17-22.

夏虹, 黄新会, 何勇, 等, 2013. 桉树中5种化学成分对紫茎泽兰种子萌发和幼苗生长的影响[J]. 云南农业大学学报, 28(3)：386-391.

夏洪应, 彭金辉, 杨坤彬, 等, 2008. 微波辐射紫茎泽兰制备优质活性炭的研究[J]. 离子交换与吸附, 24(1)：16-24.

夏忠敏, 金星, 刘昌权, 2002. 紫茎泽兰在贵州的发生危害情况及防除对策[J]. 植保技术与推广, 22(12): 34-36.

项业勋, 1991. 紫茎泽兰的分布、危害及防除意见[J]. 杂草科学(4)：10-11.

徐德全, 周世敏, 李吉松, 等, 2009. 紫茎泽兰不同繁殖材料繁殖比较[J]. 农技服务, 26(10): 45, 59.

徐洁, 邓洪平, 宋琴芝, 等, 2006. 紫茎泽兰对重庆市农林业危害的风险分析[J]. 西南农业大学学报(自然科学版), 28(5)：794-797.

徐庆波, 2016. 一种紫茎泽兰染液及其制备方法与用途: 中国, 201610422902. 3[P].

许瑾, 刘恩德, 向春雷, 等, 2011. 昆明旌蚧 *Orthezia quadrua* (Homoptera: Ortheziidae)——紫茎泽兰和飞机草的一种本地天敌[J]. 云南农业大学学报, 26(4)：577-579.

许留兴, 张锦华, 叶红环, 等, 2016. 紫茎泽兰种子沉降特征研究

[J]. 草地学报, 24(3)：693-698.

杨宇容, 郭光远, 1991. 飞机草菌绒孢菌对紫茎泽兰生长及生理影响的研究 [J]. 杂草学报, 5(1)：6-11.

杨锋波, 周衡刚, 夏泽敏, 等, 2011. 紫茎泽兰提取物对水果采后病原菌的抑菌活性 [J]. 广东农业科学 (8)：83-85.

杨国庆, 万方浩, 刘万学, 2008. 入侵杂草紫茎泽兰的化感作用研究进展 [J]. 植物保护学报, 35(5)：463-467.

杨梅, 郑伟, 刘婕, 等, 2014. 利用紫茎泽兰制备芒果专用叶面肥的方法：中国, 201410802051.6[P].

杨荣喜, 雷彻虹, 叶洪刚, 1996. 紫茎泽兰分布及危害调研报告 [J]. 攀枝花科技 (3)：17-22.

杨亚峰, 2006. 紫茎泽兰制造中密度纤维板的研究 [J]. 中国人造板 (10): 13-16.

杨正东, 2002. 紫茎泽兰刨花板生产技术的开发与应用 [J]. 林业机械与木工设备, 30(4)：10-12.

杨佐忠, 张顺谦, 崔晓亮, 等, 2012. 气候变暖下四川气候响应及对紫茎泽兰入侵之影响 [J]. 高原山地气象研究, 32(2)：51-56.

叶喜, 2003. 我国紫茎泽兰的危害及其利用研究现状 [J]. 西南林学院学报, 23(4)：75-78.

易茂红, 2008. 贵州省紫茎泽兰的发生与治理 [J]. 植物检疫, 22(5)：331-332.

尹芳, 张无敌, 李丽, 等, 2007. 紫茎泽兰汁液对植物病原菌的抑菌影响 [J]. 安徽农学通报, 13(6)：132-133.

于兴军，于丹，马克平，2004. 不同生境条件下紫茎泽兰化感作用的变化与入侵力关系的研究[J]. 植物生态学报，28(6)：773-780.

余晓华，江蕴华，张无敌，等，1995. 微生物降解紫茎泽兰毒素的初步研究[J]. 云南大学学报（自然科学版），17(3)：259-263.

张常隆，李扬苹，冯玉龙，等，2009. 表型可塑性和局域适应在紫茎泽兰入侵不同海拔生境中的作用[J]. 生态学报，29(4)：1940-1946.

张付斗，李天林，吴迪，2005. 草甘膦与2, 4-滴丁酚防除紫茎泽兰应用技术[J]. 农药，44(12): 565-567.

张国良，曹坳程，付卫东，2010. 农业重大外来入侵生物应急防控技术指南[M]. 北京：科学出版社.

张妙直，田兆丰，刘佳磊，等，2010. 紫茎泽兰提取物对几种植物病原真菌的抑制作用[J]. 徽农业科学，38(12): 6090-6091, 6105.

张培花，罗文富，杨艳丽，2006. 紫茎泽兰汁液及其萃取物对马铃薯晚疫病菌的抑制作用[J]. 西南农业学报，19(2)：246-250.

张其红，侯太平，侯若彤，等，2000. 对紫茎泽兰中灭蚜活性物质的初步研究[J]. 四川大学学报（自然科学版），37(3)：481-484.

张无敌，1996. 恶性有毒杂草紫茎泽兰的利用[J]. 云南林业科技(1)：78-81.

张无敌，杨发根，1997. 紫茎泽兰沼气发酵后作饲料喂养豚鼠的研究[J]. 粮食与饲料工业(8): 28-29.

张新跃，唐川江，周俗，等，2008. 四川省紫茎泽兰监测报告[J]. 草业科学，25(7)：91-97.

张智英，魏艺，何大愚，1988. 泽兰实蝇生物学特性的初步研究[J].

生物防治通报, 4(1) : 10-12.

兆欢, 2002. 紫茎泽兰高压微粒板开发成功 [N]. 中国建材报, 11-29.

赵春富, 王永阳, 刘瑞华, 等, 2012. 紫茎泽兰提取液对两种植物病原真菌的抑制作用研究 [J]. 湖北农业科学, 51(6) : 1133-1135.

赵金丽, 马友鑫, 李红梅, 等, 2008. 滇中地区路旁紫茎泽兰在不同光水平下的分布格局 [J]. 云南大学学报(自然科学版), 30(6) : 641-645.

赵林, 2007. 土壤营养对入侵杂草紫茎泽兰与替代植物黑麦草苗期竞争力的影响 [D]. 南京: 南京农业大学.

郑丽, 冯玉龙, 2005. 紫茎泽兰叶片化感作用对10种草本植物种子萌发和幼苗生长的影响 [J]. 生态学报, 25(10): 2782-2787.

郑照强, 夏洪应, 彭金辉, 等, 2014. 紫茎泽兰同时制备活性炭及高热值燃气实验研究 [J]. 材料导报, 28(7) : 39-44.

中华人民共和国农业部, 2010. 外来入侵植物监测技术规程　紫茎泽兰: NY/T 1864—2010[S]. 北京: 中国农业出版社.

中华人民共和国农业部, 2012. 紫茎泽兰综合防治技术规程: NY/T 2154—2012 [S]. 北京: 中国农业出版社.

周蒙, 刘文耀, 马文章, 等, 2009. 不同地理种源紫茎泽兰的生态适应性比较 [J]. 应用生态学报, 20(7) : 1643-1649.

周世敏, 孙运刚, 欧国腾, 等, 2009. 紫茎泽兰光合特性研究 [J]. 现代农业科技(22) : 189-190.

周俗, 谢永良, 1999. 四川省毒害植物紫茎泽兰调查报告 [J]. 四川草原(2) : 39-42.

周小刚, 罗强, 蔡光泽, 等, 2015. 一种以紫茎泽兰为主要原料的平菇培养基: 中国, 201510536576. 4[P].

周泽建, 刘万学, 万方浩, 等, 2007. 不同肥力梯度对黑麦草和紫茎泽兰竞争效应的影响[C]// 第一届全国生物入侵学术研讨会论文摘要集: 1.

周自玮, 段新慧, 徐驰, 2007. 紫茎泽兰作为反刍动物饲料的研究[J]. 草业与畜牧, 143(10): 41-45.

朱文达, 曹坳程, 颜冬冬, 等, 2013. 除草剂对紫茎泽兰防治效果及开花结实的影响[J]. 生态环境学报, 22(5): 820-825.

Auhl B A, 1970. *Eupatoriurm* weed species in Australia[J]. Pest Articles and News Summaries, 6(1): 82-86.

Aulcl B A, Martin P M, 1975. The autecology of *E. adennphorum* Spreng. in Australia[J]. Weed Research(15): 27-31.

Baker H G, 1965. The modes of origin of weeds[M]// In: Baker H G, Stebbins G L ads. The genetics of colonizing species. New York: Academic Press.

Gui F R, Wan F H, Guo J Y, 2009. Determination of the population genetic structure of the invasive weed *Ageratina adenophora* using ISSR-PCR markers[J]. Russian Journal of Plant Physiology, 56(3): 410-416.

Hu Y, Liao F, Hu Y C, et al, 2014. Clinical efficacy of 9-oxo-10, 11-dehydroageraphorone extracted from *Eupatorium adenophorum* against *Psoroptes cuniculi* in rabbits[J]. BMC Veterinary Research, 10(1): 970.

Liao F, Hu Y, Tan H, et al, 2014. Acaricida activity of 9-oxo-10, 11-dehydroageraphorone extracted from *Eupatorium adenophorum* in vitro[J]. Experimental Parasitology(140): 8-11.

Monica Papes, A Townsend Peterson, 2003. 紫茎泽兰*Eupatorium adenophorum* Spreding. 在中国入侵分布预测[J]. 武汉植物学研究, 21(2): 137-142.

Muniappan R, Reddy G V P, Lai P Y, 2005. Distribution and biological control of *Chromolaena odorata*[M]//InderjitS. Invasive plants: ecological and agricultural aspects. Basel: Birkh user Verlag: 223-233.

Niu Y F, Feng Y L, Xie J L, et al, 2010. Noxious invasive *Eupatorium adenophorum* be a moving target: Implications of the finding of a native natural enemy, *Dorylus orientalis*[J]. Chinese Science Bulletin, 55(33): 3743-3745.

Nong X, Fang C L, Wang J H, et al, 2012. Acaricidal activity of extract from *Eupatorium adenophorum* against the *Psoroptes cuniculi* and *Sarcoptes scabiei* in vitro[J]. Veterinary Parasitology, 187(1): 345-349.

Nong X, Li S H, Wang J H, et al, 2014. Acaricidal activity of petroleum ether extracts from *Eupatorium adenophorum* against the ectoparasitic cattle mite[J]. Chorioptes texanus. Parasitology Research, 113(3): 1201-1207.

Oelrichs P B, Calanasan C A, 1995. Chronic pulmonary disease in horses[J]. Nat Toxins, 3(5）: 350.

OSullivan B M, 1979. Croftonweed (*E. adennphorum*) toxicity in horses[J]. Australia Veterinary Journal, 55(1）: 19-21.

Sahoo A, Singh B, Sharma O P, 2011. Evaluation of feeding value of *Eupatorium adenophorum* in combination with mulberry leaves[J]. Livestockence, 136(2）: 175-183.

Tan Y, Zhou X, Wang Y, et al, 2011. The Potential eographic Distribution of the Invasive Weed *Eupatorium denophorum* Spreng. in China[C]// Bioinformatics and Biomedical Engineering, (iCBBE) 2011 5th International Conference on Issue: 1-7.

Tendani D R, Steven D J, 2004. Breeding systems of invasive alien plants in South Africa: does Baker's rule apply?[J]. Diversity and Distributions(10): 409-416.

Xu R, Wu D, Zhang W D, et al, 2009. Efficacy of *Ageratina adenophora* extract and biogas fermentation residue against the cabbage aphid, *Brevicoryne brassicae* and an assessment of the risk to the parasitoid *Diaeretiella rapae* [J]. International Journal of Pest Management, 55(2）: 151-156.

图书在版编目（CIP）数据

紫茎泽兰监测与防治 / 付卫东等编著. —北京：中国农业出版社，2019.8

（外来入侵生物防控系列丛书）

ISBN 978-7-109-25663-7

Ⅰ.①紫… Ⅱ.①付… Ⅲ.①泽兰-外来入侵植物-监测②泽兰-外来入侵植物-防治 Ⅳ.①Q949.783.5

中国版本图书馆CIP数据核字（2019）第134740号

紫茎泽兰监测与防治
ZIJING ZELAN JIANCE YU FANGZHI

中国农业出版社
地址：北京市朝阳区麦子店街18号楼
邮编：100125
责任编辑：冀　刚
责任校对：巴洪菊
印刷：中农印务有限公司
版次：2019年8月第1版
印次：2019年8月北京第1次印刷
发行：新华书店北京发行所
开本：850mm×1168mm　1/32
印张：6.5
字数：120千字
定价：65.00元